中国树石盆景

ZHONGGUO SHUSHI PENJING

张志刚　编著

ZHANG ZHIGANG　BIANZHU

中国林业出版社

作者介绍

张志刚 1975 年 1 月生，山东寿光人，现居安徽黄山。国家注册建造师、风景园林工程师、中国盆景高级艺术师、中国杰出盆景艺术家。

现为中国风景园林学会花卉盆景赏石分会理事，安徽省盆景艺术协会常务理事，《中国花卉盆景》杂志技术顾问，黄山歙县励志园园主。

1994 年始追随中国盆景艺术大师贺淦荪教授系统学习动势盆景。二十多年来潜心研究，着于实践。在专业书刊发表盆景文章 30 余篇，与他人合著《中国动势盆景》一书。

其盆景作品形式多样，不拘一格，神形兼备，意趣悠远，多次在中国盆景展览、国际盆景大展中获最高奖。

图书在版编目（CIP）数据

中国树石盆景 / 张志刚编著. -- 北京：中国林业出版社，2016.8

ISBN 978-7-5038-8653-9

Ⅰ.①中… Ⅱ.①张… Ⅲ.①盆景－观赏园艺－中国

Ⅳ.①S688.1

中国版本图书馆CIP数据核字(2016)第187879号

封面题字：贺淦荪
责任编辑：张 华
出版发行：中国林业出版社（100009 北京西城区刘海胡同 7 号）
电　话：010-83143566
印　刷：北京卡乐富印刷有限公司
版　次：2016 年 9 月第 1 版
印　次：2016 年 9 月第 1 次印刷
开　本：250mm×250mm
印　张：13
字　数：326 千字
定　价：168.00 元

树石组合盆景能充分表现自然美，

高度创造艺术美和意境美，

传自然之神、作者之神于一体，

熔作品思想性、艺术性于一炉，

既弘扬民族文化，又展现时代精神，

是中国盆景发展的必然趋势，

是盆景艺术创新的主攻方向，

是让盆景艺术真正步入艺术殿堂的必由之路。

——贺淦荪

贺淦荪 （1924-2013）湖北武汉人，中国盆景艺术大师，美术教授。我国杰出的盆景艺术家、理论家和盆景教育家。曾任中国风景园林学会花卉盆景赏石分会副理事长、中国盆景艺术家协会副会长。

著有《论动势盆景》《论树石盆景》等系列理论文章。倡导用美学理论和艺术辩证法指导盆景的造型，坚持中国盆景走"树石组合、以动为魂"的民族路线，并留有大量具有时代感和创新精神的作品。历任全国盆景展、根艺展及国际盆景展评委。连续多年组织盆景学术研讨会并参与全国盆景培训班教学，为中国盆景事业发展培养了大批人才。

2011年，被中国风景园林学会花卉盆景赏石分会授予"盆景艺术终身成就奖"。

研究重新发扬使更中心加交流
汉中国意三家走向世界动物
民族修沟汲意便种韵记
古界牙中国盛景
书赠
友刚同学庚念
加澤之珍二〇一一年秋诗

赵庆泉 1949 年出生。中国盆景艺术大师，BCI 国际盆景讲师，园林专业高级工程师。现就职于扬州盆景博物馆，兼任中国风景园林学会盆景赏石分会副理事长、世界盆栽友好联盟国际顾问、国际盆景协会中国区副主席等职。

从事盆景创作与研究 40 年，出版盆景专著十多部。多次参加国际盆景大会，在国外做创作表演 100 多场。

2009 年，荣获第六届世界盆景大会颁发的"推动盆景走向世界"奖。

序

盆景是以植物、山石、土、水等自然物为主要材料，在盆中塑造大自然美景的艺术。盆景不同于绘画、雕塑等纯粹艺术，它在一定程度上受到材料的约束，因此曾有人质疑盆景的艺术性。其实，盆景的艺术性毋庸置疑，纯粹与否也并不重要，因为它在表现美的同时也表达了人的思想情感，而且重要的是盆景具备了其他许多艺术所不具备的自然神韵和生命特征，这才是其魅力所在。但是，盆景的艺术性与它对材料依赖的程度确是有关，从某种意义上说，一件好作品所用的材料愈是普通，其艺术含量反而愈高。

张志刚先生就是那种擅长用寻常材料做出不寻常作品的盆景人，其作品的成功更多的是靠人的创造。第一次见到他是在1993年秋天北京的一个培训班上，当时的他还是个19岁的小青年。后来才知道，从那时起他已被盆景艺术的魅力所迷倒，翌年即离开山东老家，只身南下武汉去追随贺淦荪教授，学习美学知识和艺术理论，全身心投入盆景。勤奋加上天赋使得他进步很快。其作品的用材和表现手法十分宽泛，杂木、松柏、山水、树石都有所涉猎；动势、静态均应对从容。他深深地懂得"功夫在诗外"的道理，作为一个盆景人，一直在努力拓宽视野，扩大知识面，不断地挑战自己，否定自己，以求超越自己，终于在盆景艺术上取得丰硕的成果。

张志刚先生已涉足盆景行业二十余年。他所追求的是一条既富民族特色又为世界接受的道路。这是一条从章怀太子所在的时代就开始的中国盆景之路，也是盆景走向世界的金光大道。

树石盆景是具有鲜明民族特色的盆景类别。欣悉张志刚先生将其对树石盆景的艺术理念和多年实践的经验进行总结，编写成书，与同行交流，相信这将对于树石盆景技艺的普及和提高颇具意义。值此新书即将问世之际，略写几句感言，以示祝贺。

2016 年 4 月于扬州瘦西湖

□ 前言

　　盆景是中国的传统艺术之一。它是以植物、山石、土、水等为材料，经过园艺栽培和艺术加工，在盆中表现自然美景、反映社会生活和表达作者思想感情的活的艺术品。

　　中国盆景形式多采，类型繁多。依照用材和表现对象，可分为树木盆景、山水盆景和树石盆景。

　　不同的盆景类型其制作技艺和艺术表现也各不相同。山水盆景和树石盆景中都有植物、石头，之所以区别为二是因为两种材料在作品形感上所占比重以及创作中的表现有明显侧重。树石盆景更倾向于树与石的融合互动、相映成趣。当然，二者之间也不可能绝对划清界限，时有交叉。它们展现的均是具有中国特色和鲜明民族特征的树石文化，同样在世界盆艺之林闪耀着灼灼光芒。

　　树石盆景的缘起与兴盛，与我国源远流长的山水文化有着紧密关联，仁者乐山，智者乐水，自古以来，山、水、林、泉就是艺术家格外青睐的主题，而树石盆景，简直就奔这一主题而来。或因自然而生，它的天然使命，即以塑造、表现优美壮丽的自然景致为目的——在咫尺盆盎，为人呈现真实可感的立体图卷。从诞生那刻起，就凝聚了文人"借景抒情，以物养心"的审美情趣，发展到今天，依旧体现的是现代人对大自然、对生活的一种精神写意。传达的是作者内心深处化育自然的一种精神向往和唯美追求，体现的是具有东方气质和自然神韵的一种文人艺术。

　　树石盆景格调雅靓，多姿多态。富于情趣的营造和画意的表现，能充分表现自然美，高度创造艺术美和意境美，传自然之神、作者之神于一体。既弘扬民族文化，又展现时代精神。

　　今天，我们研究"树石盆景"，是为了更好地继承和弘扬优良的树石文化传统，拓展和升华盆景创作理念，挖掘并提升中国盆景文化内涵。为此，我沿着恩师贺淦荪先生的思路对树石盆景进行概括性的整理总结，希望读者能从中领略到树石盆景的博大精深及中国盆景文化的精髓——诗情画意。

在编写此书的过程中，我翻阅了很多书刊、画册，再一次重温了很多自己已熟知的树石作品，但这次的感受却不同以往，经常被打动。从一幅幅熟悉的画面中，我能深深地感受到树石赋予的灵魂和内涵，这一切都是作者内心的诠释和对意趣的创造，为此付出的匠心和耐心深有感触。盆景是活的艺术品，其保养维护受多种因素制约，很多作品和作者虽早已不在了，但他们留下的却是永恒的大雅之美，是人们亲近自然、追求美好的例证。同时，也深深体会到自己学养的浅薄和文笔的稚嫩，虽如此，我依旧决定完成此书，因为我想把"物我交融、天人合一"的树石之美呈现给大家，希望有更多的有志之士参与到其中来，共同将我们的优秀文化发扬光大。

在此，特别感谢赵庆泉大师在百忙中数次审阅此稿，提出很多建设性意见和建议，使该书趋于完善，并为该书作序和提供大量图片予以支持。另外，对该书在编写过程中提供帮助的胡乐国、韩学年、梁玉庆、郑永泰、刘传刚、冯连生、邢进科、李云龙大师，以及袁心义、胡一民、黄就成、庞燮庭、盛影蛟、楼学文、王东、汪明强、孙胜望等先生、贺小兵女士表示感谢；同时对花木盆景杂志社刘少红、王志宏先生，中国花卉盆景杂志社杨东旭女士，中国林业出版社张华女士的热情帮助予以感谢。

限于笔者的水平，本书错误、疏漏之处在所难免，请读者多加批评，惠予指正。

2016 年 4 月于新安江畔

目录

序

前言

卷一　树石盆景的历史与发展 ·········· 1

树石盆景的历史渊源 ·········· 2

现代树石盆景的发展 ·········· 4

卷二　树石盆景的用材 ·········· 7

植物 ·········· 8

石头 ·········· 11

摆件 ·········· 16

水 ·········· 20

土 ·········· 21

盆 ·········· 22

卷三　树石组合的类型及方法 ·········· 25

以石为主类 ·········· 26

以树为主类 ·········· 31

以石为盆类 ·········· 38

综合多变类 ·········· 40

卷四　树石盆景的制作 ·········· 41

附石盆景 ·········· 46

丛林盆景 ·········· 55

水旱盆景 ·········· 61

景盆及组合 ·········· 66

卷五　树石盆景的养护管理 ·········· 71

放置场地 ·········· 72

浇水 ·········· 73

施肥 ·········· 74

修剪与整形 ·········· 75

换土 ·········· 77

病虫害防治 ·········· 78

卷六　树石盆景的艺术表现……………………………… 81

主次分明…………………………………… 82
虚实相宜…………………………………… 84
动静结合…………………………………… 85
轻重相衡…………………………………… 86
险稳相依…………………………………… 87
疏密有致…………………………………… 88
聚散合理…………………………………… 88
顾盼呼应…………………………………… 89
藏露有法…………………………………… 90
刚柔相济…………………………………… 91
比例协调…………………………………… 92
向背合理…………………………………… 94
形神兼备…………………………………… 95
情景交融…………………………………… 96

卷七　树石盆景佳作赏析……………………………… 99

雀梅盆景…………………………………… 100
郊野雄姿…………………………………… 101
横空飞渡…………………………………… 102
倚石听涛声………………………………… 103
三角梅附石………………………………… 104
高士图……………………………………… 105
三角梅附石………………………………… 106
茑萝幸托…………………………………… 107
欲断难离情依依…………………………… 108
适者………………………………………… 109
舞动的山林（秋景）……………………… 110
舞动的山林（冬景）……………………… 111
神奇的雨林………………………………… 112
风雷激……………………………………… 113

清泉石上流………………………………… 114
踏秀………………………………………… 115
幽林曲……………………………………… 116
古木清池…………………………………… 117
古渡沧浪…………………………………… 118
水木清华…………………………………… 119
烟波图……………………………………… 120
幽居图……………………………………… 122
溪塘林趣…………………………………… 123
秋·思……………………………………… 124
清溪松影…………………………………… 125
浦江源头…………………………………… 126
富春山居…………………………………… 127
淦河春晓…………………………………… 128
沂蒙颂……………………………………… 129
海风吹拂五千年…………………………… 130
山行………………………………………… 131
赤壁怀古…………………………………… 132
画中游……………………………………… 133
松壑飞泉…………………………………… 134
山居图……………………………………… 135
抱朴幽清…………………………………… 136
灵山秀色…………………………………… 137
深山藏古寺………………………………… 138
层峦耸翠…………………………………… 139
绿荫生出待涌潮…………………………… 140
山幽图……………………………………… 141
高山流水…………………………………… 142
春潮澎湃…………………………………… 143

参考文献……………………………………………… 144

树石盆景

的历史与发展

SHUSHI PENJING DE LISHI

YU FAZHAN

树石盆景是以树木、石头、水、土等为主要用材，经过精心构思、加工、组合和培养，在盆中融合为景，借以表现树石一体的自然景致，反映社会生活和表达作者思想情感的一种盆景类型。

树石盆景自古就有，其发展过程与园林、绘画等传统艺术一脉相承，秉承民族文化精髓，凝聚文人写意情思。

树石盆景的历史渊源

在我国盆景发展史上，树石盆景的出现并不比树木盆景和山石盆景迟，应是齐头并进、相辅相承的，我们从大量的史料记载中可以佐证。

唐代章怀太子墓建于706年，发掘于1971年，在甬道东壁的壁画中，生动地绘有一"侍者"，"双手托一盆景，景中有假山和小树"（图1-1）。黄色浅盆中，数石堆积，树木娇小艳丽，石面附生青苔，这种盆景表现的内容已经接近当今的盆景，相当于现在的水旱式盆景，整体以石衬树，树石相依，共同成景。从侍者双手托盆景姿态的谨慎程度看，盆景即便在当时的宫廷中，也不是常见的摆饰品，可能为当时具有很高价值的珍稀品。

章怀太子李贤墓壁中描绘的盆景形象图，是我国盆景发展早期的重要资料，也是关于树石盆景最早的记录。

宋徽宗赵佶在艺术上是位很有成就的皇帝。他喜欢太湖石、盆景及造园，曾作数幅描绘奇石、盆景的绘画作品，有的遗留至今。日本根津美术馆收藏有宋徽宗的《盆石有鸟图》：椭圆形盆中放置一瘦、透、漏、皱的奇石（类似小型太湖石），石头基部点植数丛石菖蒲，石头顶部一鸟停立。虽然盆中没有

图1-1 唐代章怀太子墓壁画中侍者手捧树石盆景。从侍者手捧盆景的姿态可知，盆景为当时皇宫中珍贵的陈设品

图1-2 宋徽宗作《盆石有鸟图》，现存日本根津美术馆

图1-3 元代 李士行的《偃松图》　　图1-4 明代 佚名仿仇英的《春庭行乐图》　　图1-5 清代 丁观鹏的《宫妃话宠图》

树，但这种草石合植的形式也是今天树石盆景的一种（图1-2）。

元末明初诗人丁鹤年的《为平江韫上人赋些子景》，诗中写道："尺树盆池槛栏前，老禅清兴拟林泉。气吞渤澥波盈掬，势压崆峒石一拳"，细品诗意，描写的也是树石盆景。

另有元代画家李士行（1282—1328）的《偃松图》（图1-3），细致地描绘了一件松树附石盆景，老干虬枝，悬根露爪，古意盎然，从中可以看出当时的盆景形式与现代盆景已很接近。

明代佚名仿仇英的《春庭行乐图》中，也生动地描绘了一大型树石盆景（图1-4）。盆为石头雕琢而成，并配带底座，盆座一体，纹饰清晰。盆内松石相依，生动多姿，向背分明，古朴自然。石头类似于英德石，皴纹多变；松树斜曲有势，枝干苍劲多变，其姿其韵值得我们借鉴。

清代园艺家陈淏子在《花镜》中写道："近日吴下出一种，仿云林山树画意，用长白石盆或紫砂宜兴盆，将最小柏、桧或枫、榆、六月雪或虎刺、黄杨和梅桩等，择取十余棵，细视其体态，参差高下，倚山靠石而栽之。或用崑山石，或用广东英石随意叠成山林佳景。"由此可鉴，至清代盆景已发展成熟，用材多样，形式多采，文中所述为多树种合植的树石丛林盆景。

清代画家丁观鹏在《宫妃话宠图》（图1-5）中除描绘两盆大型兰花盆栽外，还完整细腻地勾勒了一树石盆景，盆内松树与石相依成趣，生动自然，与今天的盆景相比，毫不逊色。更难得一见的是"景、盆、架"三位一体，得体大方，反映当时盆景已成为宫廷的日常陈设，并且盆景制作水平已达到了一个很高的水准。

以上列举了几例有图为证的史料，像白居易、王维、苏轼、陆游、仇英等不同时期的很多诗人、画家、文学家对盆景的文字描述和画作还有很多，在此不作赘述，但从诸多史料可看出：

① 树石结合的盆景，自古已然。附石、水旱、丛林组合等很多形式早已存在，以附石、点石类为多。

② 树石盆景的陈设多现于庭院、厅堂布置，并且结合自然环境，陈设到位，以此推断盆景与园林这对姊妹艺术的渊源，其发展过程也是相辅相承。

③ 古往今来，盆景的创作、发展乃至欣赏离不开文人、画家的参与，因为这是一门高雅的艺术，更是一门贵族艺术，有经济基础和人文思想的渗透是盆景艺术得以发展提高之根本。

■现代树石盆景的发展

现代的树石盆景较之古代又有了更大的发展。

1956年，苏州的周瘦鹃（中国盆景艺术大师）、周铮合著出版《盆栽趣味》，在盆栽和盆景、盆植的区别一节中记述了关于"盆栽""盆景"及"盆植"三者之间的区别。

"盆栽的树木，经过了艺术的处理，加工剪裁，调整树形，使它具有老树的苍古的风格，这样才可称之为盆栽。盆景……以绘画作比，等于画一幅山水或园林，又等于把山水胜景，缩小了放在一个盆子里。盆植就是上盆的植物。"

文中所指的"盆栽"就是我们现在所说的树木盆景，而有山有水的"盆景"系指今天的树石盆景和山水盆景，周老先生特别强调的是"盆景要能入画"。另外，书中还有4幅关于盆景的插图（图1-6），"春、夏、秋、冬"，各具"画意"，画面中的盆景有树有石，有情有景，形神兼备，主题鲜明。从图中可见周老先生的深厚艺术修养及对树石盆景研究的深刻，遗憾的是他的很多盆景作品在20世纪六七十年代被毁，仅存"牧马图""金雀"被友人收藏。

1969年，香港伍宜孙先生所著的《文农盆景》问世，书中不乏个性独具的树石盆景，这些盆景形式多样，组合得体，富于新意，趣味横生。该书先后印刷数万册分赠世界各地，最早将中国的盆景宣传推广出去。该书在1976年再版时，增加了"盆景艺术纵横谈"，文中对"附石盆栽"作了专述"附石（日本称为石付）是盆栽中别创风格，而属于盆景一类。不论于石间附以树木或花草，只要配合适当，不仅能充分表现自然美景，且更富诗情画意。其著者，跨谷悬崖，磐根峭壁；或突出孤岛，或峰

春野牧歌（春）　　　　蕉下听琴（夏）

秋菊犹存（秋）　　　　疏影横斜（冬）

图1-6　周瘦鹃、周铮合著《盆栽趣味》中的盆景4图

图1-7 2002年10月，贺淦荪先生在岳阳主持召开"中国盆景学术研讨会"，并对获奖的树石盆景作现场点评

图1-8 1993年，赵庆泉先生在美国奥兰多"第二届世界盆栽大会暨93国际盆栽大会"上作水旱盆景示范表演

或寄生，或岭头矗立，或岩石攀依。缩龙成寸，置之庭院厅堂，不独室有山林趣，更使人有坐游山丘岩壑之感。"

1979年9月11日，由国家城市建设总局园林绿化局在北京北海公园举办了"全国盆景艺术展览"，这次展览意义非凡，它为中国盆景的复苏、发展吹响了号角。

1981年，"中国花卉盆景协会"成立，并于1985年在上海虹口公园举办了"第一届中国盆景评比展览"，贺淦荪先生的大型树石组合盆景"群峰竞秀"（山水组最高分）及赵庆泉先生创作送展的水旱盆景"八骏图"（水旱盆景最高分）分别以最高票获得一等奖；同时展出的殷子敏先生的树石写意盆景"丛林狮吼"也荣获一等奖，另有汪彝鼎、林凤书、华炳生等先生的树石作品也获得佳绩。这些作品的问世使这届盆景展会增色不少，给古老的中国盆景带来了一缕春风，同时这些新颖的树石丛林盆景也引起盆景爱好者的广泛关注，赞誉有加。

在接下来第二、第三届"中国盆景评比展览"中，优秀的树石盆景层出不穷，在众多优秀作品的感染下，很多爱好者都加入到树石盆景创作这只队伍中来。

1996年5月，贺淦荪先生在湖北咸宁主持召开了华中地区盆景学术研讨会，主题是"论树石盆景"。《花木盆景》1996年第5期也全文刊发《论树石盆景》，贺先生从不同的视角阐述"树石文化是中国的传统文化，树石结合是中国盆景发展的必然趋势"。并高度概括地提出发展树石盆景的八个"有利于"——"有利于充分表现大自然丰姿神采、有利于弘扬民族文化、有利于展现民族艺术特色、有利于展现时代精神、有利于中国盆景走向世界、有利于合理利用自然资源、有利于盆景艺术美的创造和有利于栽培技艺的提高"。

并指出："树石组合盆景能充分表现自然美，高度创造艺术美和意境美，传自然之神、作者之神于一体，熔作品思想性、艺术性于一炉，既弘扬民族文化，又展现时代精神，是中国盆景发展的必然趋势，是盆景艺术创新的主攻方向，是让盆景艺术真正步入艺术殿堂的必由之路。"

文中还总结了树石盆景创作的18种方法。这篇文章的刊发在全国盆景界引起强烈反响，并在全国范围内（尤其是湖北）掀起了一股树石盆景创作热潮。

1997年10月，在扬州举办的"第四届中国盆景评比展览"，组委会第一次将"树石盆景"作为独立一类参展参评，在65件金奖作品中，树石盆景占11个，这在数量不占优势的前提下获得这么多的高奖，可见树石盆景的发展之迅猛和感染力之深。

……

三十多年来，中国盆景的发展如火如荼，由量变到质变，由质变又到量变，取得了飞跃的发展。树石盆景也由简单的几种类型发展到十多种，且形式逐渐复杂而多样，艺术表现力不断挖掘提升，成绩斐然，具体体现于以下方面：

① 盆景表现形式的拓展，扩大了作品的艺术表现力。首先是很多新形式的出现，例如景盆及砚式盆景的推广等丰富了树石盆景的表现形式；再者是传统形式的发展，如水旱盆景通过赵庆泉先生的不断创新，发展了很多形式，从而大大提升了水旱盆景的表现内容和艺术魅力。

② 用材的多样化，促使了作品内容的丰富。中国幅员辽阔，各地用于树石组合的树种及石头种类很多，所以即使类似的表现形式其作品的表现效果也各异。

③ 树石盆景理论体系的建立和完善，极大地推动了树石盆景的传播发展。例如贺淦荪先生提出的"景盆法"，赵庆泉倡导的水旱盆景都有具体而详尽的理论指导，在很大程度上吸引了广大爱好者的参与。

④ 受传统文化的影响，涌现了大量富于诗情画意而有深度作品。树石盆景实际属文人艺术，不管是附石盆景，还是水旱盆景等其他类型的树石盆景都离不开传统文化和现代理念的支撑。像"风在吼""海风吹拂五千年""八骏图""烟波图""古木清池""富春山居"等作品艺术内涵厚重，意境深远，堪称典范。

中国树石盆景今天的蓬勃发展离不开广大盆景爱好者的积极参与和传承，其中导师的力量至关重要，当前对我国树石盆景发展推动最大、贡献最大的莫属伍宜孙、贺淦荪和赵庆泉三位大师。

伍宜孙先生一生创作、收藏了很多优秀的树石盆景作品，晚年又集结成册，出版《伍宜孙盆景集》，分赠世界各地院校、盆景协会等组织机构和同好，宣传和展示盆景艺术之美；1985年，又将很多凝聚心血之作品分赠法国、美国、加拿大及国内部分院校和公园，公开陈列；2000年5月1日，设立"文农盆景"网站，将国内的优秀作品及个人作品上网，向世人全面展示宣传中国盆景艺术，其中的很多树石盆景都是经典之作。

贺淦荪和赵庆泉先生数十年来不但自己身体力行地创作大量优秀作品，还言传身教数十次参与全国培训班教学以及主持全国盆景学术研讨会，倡导树石和水旱盆景的发展。

另外，香港的黄基棉、吴成发，湖北的冯连生、邢进科，山东的梁玉庆、李云龙，海南的刘传刚，广东的韩学年、郑永泰、黄就伟，江苏的张夷，浙江的林鸿鑫等大师以及上海的庞燮庭、盛影蛟、唐敬丝，江苏的孟广陵、芮新华、郑志林、汤坚、严学春，湖北的唐吉青、郑绪芒、杨作祥、赵德发、张光前，湖南的杨光术、夏建元，河南姚乃恭、张顺舟，山东的张宪文、王宪，香港的黄就成，四川的张重民、杨永木，重庆的马培、田一卫、陈荣国、张年体，浙江的赵谷云、应日朋，福建的陈汉农，云南的许万明，安徽的张志刚，海南的王礼勇等先生多年来也积极参与树石盆景的研究和创作，都有很多优秀作品产生，为树石盆景的发展推动做出了一定贡献，在此不一一列举。

赵庆泉大师从1980年开始出访国外，并在法国、美国、意大利、澳大利亚等十多个国家和地区作了一百多场的水旱盆景示范表演；前WBFF世界盆景友好联盟主席胡运骅先生以及中国盆景艺术大师吴成发、黄就伟、刘传刚先生也多次赴海外宣传中国盆景，作树石盆景示范表演。他们对宣传中国盆景和让中国盆景走向世界做出了巨大的贡献（图1-7至图1-9）。

图1-9 2012年9月，刘传刚先生（右）在意大利做树石盆景示范表演，吴成发先生（中）协助

树石

SHUSHI PENJING DE
YONGCAI

盆景的用材

制作树石盆景的用材主要包括：植物、石头、盆、摆件、土壤和水。

其中，植物（包括树木、小植物及苔藓）和石头是创作加工的主要对象，同时也是作品表现、欣赏的主体；盆在树石盆景中不光是载体，有时也是景的组成部分，有助于主题的烘托；摆件虽不是在每件作品中都会出现的，但很多时候为表现主题，需要配件来点题和突出生活气息。

另外，土壤和水也是树石盆景制作不可缺少的组成部分，不容忽视。

植物

盆景用的植物有主材和辅材之分。树木是制作树石盆景的主要材料之一，小植物及苔藓是盆景制作不可或缺的辅助材料。

树木

盆景艺术的生命性主要体现于树木的生命活力。盆景也因为树木季节的变化而赋予作品丰富的艺术感染力，春季新芽吐翠，夏季花繁叶茂，秋季彩叶飘飘，冬季寒枝苍劲，不同季节带给人不同的季相感受和回味。盆景人的幸福之处也是在这年复一年的变化中收获喜悦，感受盆景的多变魅力，迎来作品的成熟。

根据植物的类别，树木可分为松柏类、杂木类、藤本类、竹类，其中从易于修剪保形、寿命长的特点角度来讲，以木本植物为佳。盆景的特点是"缩龙成寸，小中见大"，故而在选材时一般会选择生命力强、耐修剪和叶片小的树种，从观赏角度讲，彩叶树种和花果类等观赏价值高的树种也是盆景制作的首选。

图 2-1 别有洞天

用材：黄杨、白云石

作者：湖南常德 夏建元

在构图复杂的树石盆景中，选择叶小的树种更有利于表现细腻的画面

树石盆景中树木多以组合形式出现，对桩材的选择不太强调个体的粗霸，作品注重的是情趣和艺趣，很多时候是根据主题的需要或根据已有石头去选择，合体达意为好。树石盆景需要的很多素材不需要山采，通过扦插培养就可获得，因此发展树石盆景可以因地制宜、就地取材，且取材广泛、用材多样，这样既保护了资源，又能变废为宝，合理开发资源。

根据树石盆景的类型不同，在制作过程中，对树木的选择要求也各异。例如水旱盆景创作就需要一些经多年培养、修剪成型的成熟的树木素材进行

图 2-2 幽居深篁里
用材：凤尾竹、英德石、云盆
作者：江西九江　居维跃
　　凤尾竹也经常用于树石盆景，常作为竹林展示

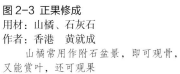

图 2-3 正果修成
用材：山橘、石灰石
作者：香港　黄就成
　　山橘常用作附石盆景，即可观骨，又能赏叶，还可观果

选择组合，完成后会立竿见影，马上见效；而附石盆景的创作过程是漫长的，在石头选定后，仅需要部分有细长根系的根条或一个小桩头固定附着于石头上就可以了，接下来经历多年的养桩截干塑形，等树木达到合适的大小、姿态和成熟度，树石方能融合为景。

中国南北跨度很大，气候和文化差异也大，各地在盆景类型和用材上也各不同。岭南的树石盆景以附石类盆景为多，近年也多有水旱盆景出现。树木一般为岭南的常用树种，附石类有罗汉松、山橘、椰榆、朴树、榕树、三角梅等；水旱盆景一般选用椰榆、雀梅、榕树、红果、博兰、福建茶、对节白蜡、朴树、小石积等叶小品种。

长江流域各省及河南、山东等地的树木资源非常丰富，树石盆景的类型也很多。除用当地的三角枫、红枫、鸡爪槭、榆树、雀梅、对节白蜡、柽柳、黄杨、水蜡、银杏、朴树、米叶冬青、金叶女贞、凤尾竹等杂木外，六月雪、贴梗海棠、杜鹃、紫薇、梅花、虎刺、石榴、火棘、老鸦柿、金雀、金弹子等花果类及五针松、大阪松、黑松、金钱松、小叶罗汉松、真柏、刺柏、水杉、云杉等松柏类的运用也很普遍（图2-1至图2-3）。

小植物和苔藓

树石盆景景域开阔，元素众多，很多时候为增添野趣，强化景深空间，通常在石头旁点植一些小植物，诸如薄雪万年草、半枝莲、小叶杜鹃、六月雪、酢浆草、矮麦冬、菖蒲等。有些配植如小叶杜鹃、六月雪等小品可通过扦插获得，根据需要造型后备用（图2-4）。

苔藓是作品美化的最后一道外衣，性喜湿润、阴凉，惧高温，可通过自己培养获取。在养护过程中要经常除草并喷水保湿，方能保持长久。

矮麦冬

苔藓

半枝莲

酢浆草

小叶杜鹃

薄雪万年草

菖蒲

图2-4 点缀用的小植物和青苔

石头

石头也是树石盆景的主要用材之一。

我国幅员辽阔，山地很多，各地出产的很多石种都可以运用到盆景的制作中来。不同产地的石头在色泽、纹理、质地上的差异也很大，在制作盆景时，要尽量选择在形态、纹理、质地、色泽都相对统一并合乎创意的石料，并且尽可能因材施用，保持石头的天然特点和个性。

适合制作树石盆景的石料一般选择体积相对较小，体态变化丰富，具有较好的天然形态和皱纹的硬质石料为多。在挂壁盆景的制作中通常也会选择砂积石和浮石等软质石料。常用的有以下几种：

英德石

学名英德灰岩，是由裸露的石灰岩经长期的自然侵蚀和风化而成。该石形态丰富，褶皱繁密，有蔗渣、小皱、大皱、窠状等皱纹。色彩多为青灰或浅灰，少量带有白色方解石夹带。主产于广东英德市。

英德石质地坚硬，不宜雕琢，大多体态嶙峋，皱纹多变，石感很强，是中国传统的观赏石之一，天然多姿者可作清供，大型者可立庭院景石或堆叠假山水景，小巧者制作盆景。高挺且四面变化丰富的石料适合作附石盆景，水旱盆景及其他类型的树石盆景、山水盆景也多采用之（图2-5）。

龟纹石

由石灰岩裸岩经自然界风刀雨剑长年累月的侵刻，致使表面形成纵横交叉的龟纹状裂纹而得名。颜色有灰黄、灰黑、青灰、淡红等，稍能吸水，并能局部生长苔藓。主产于四川、重庆、贵州、安徽、山东、湖北一带的石灰岩地区，不同地区所产的龟纹石在质地、色泽、纹络各方面差异很大。

龟纹石体态多姿，纹络细腻，气势浑厚，古朴自然，石感强，富于画意，是树石盆景和山水盆景的常用石料（图2-6）。

卵石

卵石质地非常坚硬，大多为卵圆状。颜色有黑、白、黄、青灰、红、绿、浅褐及混色等多种，在很多地方的山间河流中都有产生。

卵石的石感很强，也有部分呈不规则形，甚至带皱纹的，我们可选择那些质地相同，色彩一致，纹络接近的青灰或灰黑色的石头用于盆景的点石、附石或制作水旱盆景的驳岸（图2-7）。

图2-5 英德石

图2-6 龟纹石

图2-7 河卵石

芦管石

由石灰岩内流出的富含重碳酸钙成分的地下水，在草干、树枝等表面凝聚沉积而成，形状如芦管而得名，常与砂积石生于一处，粗细管状不一，质地脆硬疏松也不同。吸水性能好，便于雕刻，属软质石料，但也有钙化程度高、硬度大的石料。取有天然秀美形态的石料，组合群峰或山岭配树为景，也会有很好效果，能长久保存（图2-8、2-18）。

产于安徽池州，湖北咸宁、宜昌，陕西商洛、广西桂林等岩溶地带。

斧劈石

为沉积岩一种，层理构造明显，厚薄不一，但上下之间平行重叠，极易劈开如劈木柴，加上表里纹理一样，状如中国画的斧劈皴而得名。从结构分为片状、条状等，内部往往有白色方解石夹带以及金属颗粒。颜色有灰黑、青黑、灰白、土黄、土红、粉红、夹花等。有些片岩和块岩中还带有多种颜色而被称为五彩斧劈石，五彩斧劈石是斧劈石中的佳品，极为稀少。产于江苏丹阳、湖北孝昌及江西等地。

斧劈石线条挺拔有力，色彩庄重朴实，宜作大型石景（图2-6），亦可作小、微型盆景。其性刚硬，在制作时对于边口及块面尽可能打磨加工处理，否则会显得粗糙、呆板，自然感不足。江苏、上海等地常用五彩斧劈石或红斧劈石通过精细打磨加工出多彩纹络，后组合缀树，有很好的效果表现。

砂片石

砂片石属于表生砂岩，为河床下面的砂岩经年沉积而成，可分为两种：一种青色的，属于钙质砂岩，俗称青砂片；另一种为锈黄色，属于铁质砂岩，俗称黄砂片。砂片石峰芒挺秀，具有深浅不同的沟槽和长洞，属硬质石料，但能吸水生苔，可进行一定程度的雕琢加工，多用于山水盆景和水旱盆景。产于四川西部。

千层石

千层石是沉积岩的一种，石质坚硬致密，其纹理成层状结构，在层与层之间夹一层浅灰岩石，石纹呈横向，外形似久经侵蚀的岩层。颜色有灰黑、灰白、灰、灰黄等（图2-10）。

大块宽纹者适合堆叠假山；小型细纹石料适合制作山水盆景和树石盆景，可横放堆叠，亦可竖向拼接。主产河北遵化、山东临朐、江苏徐州、安徽灵璧、湖北孝感等地。

图 2-8 芦管石

图 2-10 千层石

五彩斧劈石

青斧劈石

图 2-9 斧劈石

石笋石

石笋石质地较坚硬，一般呈条状笋形，属沉积岩。石内白果状为石灰质，能与空气中二氧化碳作用，风化成眼巢状凹陷穴孔者称风岩；反之，白果状龙岩仍称龙岩。前者质软，后者质硬。颜色有灰绿、褐红、紫色等数种。产于浙江常山。

大型的石笋石可组合于园林中配景，通常与竹相伴；小型可通过加工制作山石盆景，自然的青灰色块状石料可作水旱盆景驳岸，表现春景比较适宜。

墨石

墨石属碳酸钙沉积岩，色黑似漆，硬度大，叩之有声，有皱、瘦、漏、透之形状，常作为观赏石。其中形体小而凹凸多变者可组合盆景，主要用于附石盆景和水旱盆景。主产广西柳州（图2-15）。

青石

在山东济南、江苏徐州等地山区有一种青石，质硬、石感好，部分山表面原石经累年自然风化带有深刻纹络，有如千层石兼带龟纹，这类石料板体性好，加工时不易碎裂，可用水钻掏空腹部，用以植树造景（图2-16）。

除上述石种外，尚有很多石种可用来制作盆景，如灵璧石、燕山石、火山石、海母石、锰石、磷矿石、风砺石、钟乳石、雪花石及湖北孝感产的石英石和很多地方盛产的风化石灰石等。另外，还有人使用水泥或泡沫砖等材料模仿自然界的石头纹络塑石造景，称为人造石或塑石。塑石的纹理变化全凭人造，这需要作者有很扎实的美术和雕塑功底。

图2-11 孝感石英石

图2-12 风砺石

图2-13 风化石灰石

图2-14 灵璧石

图2-15 墨石

图2-16 济南青石

图 2-17 锦绣峡江
树种：五针松、红檵木、真柏、金钱松、六月雪、黄杨、罗汉松等
石种：斧劈石
规格：盆长 13m
作者：张志刚、王礼勇
收藏：黄山鲍家花园

图 2-18 江山如此多娇
树种：黑松、真柏、五针松、红檵木、雀梅、三角枫、红枫、黄杨、榆树等
石种：芦管石
规格：盆长 20m
作者：张志刚、郑绪芒
收藏：黄山鲍家花园

大型长卷式树石盆景。它打破传统山水盆景的构图模式和空间比例，以图卷形式扩大盆景的表现深度和景观内容，立体直观地展示了峡江的绮丽、激荡与浩瀚。

作品以"江"为纽带，"岭"为依托。采用散点透视、多点式布景手法，从峡江源头开始，移步易景，全景式展现峡江之蜿蜒曲折、波澜壮阔，真实直观地表现了江河上游的地貌景致。"江水"在群山中穿梭，壮如游蛇，若隐若现，急处激荡百转，缓处水平如镜；群岭沿江错落而峙，如卫士般守护着这条母亲河，听其歌唱，为其壮行。两岸山峦起伏，花团锦簇，春光明媚，一派清新、壮丽、繁荣、祥和景象。

"远看山有色，近听水潺声，春去花还在，冬来景依青"。

作品是当前国内最大的景观盆景，它以峰为主调，通过多种景观的交互运用，使其自然而又真实地再现祖国的壮丽河山。

在整体布局上，按照自然景观和人文景观的规律特点，广设景点，多位调和。尤其是动态水景"瀑布"及"溪流"的运用，更使画面有声有色，使人不用跋山涉水，即可领略造化之妙。

▢ 摆件

在清朝汤贻汾所著的《画鉴析览》中提到："山之体，石为骨，树木为衣。草为毛发，水为血脉，寺观、村落、桥梁为装饰也。"这些生动形象的比喻，清晰地说明了山水主景和陪衬配件之间不可分割的有机联系。树石盆景中，树石是主体，但有时需要安放与主题相关的摆件作为点缀，这样可以深化主题效果，增添生活气息，完善意境神韵，进一步提高艺术观赏价值（图

2-19）。

盆景中摆件还可充实构图、补充画面不足。有了摆件的配合，可丰富活跃画面趣味性，扩大表现内容和深度。摆件在盆中还可起到比例、透视作用，深化空间关系（图2-20）。有些人物、舟楫摆件具有动感效果，会使画面产生静动对比，增添情趣。但是，摆件在作品中不可滥放，一定依据作品的艺术表现需要而定，可放可不放的尽量不放，可少放的最好少放，与主题无关的绝对不放（图2-21）。另外，摆件的体量要合乎画面比例，色彩宜淡不

宜浓艳，风格宜自由不宜严整，否则会分散注意力，而冲淡主题。摆件的质地有陶质、瓷质、铅质、石刻、金属等，市面上卖的以广东石湾陶质品为多，即用陶土烧制而成，不怕水湿和日晒，不会变色，质地与盆钵及山石易于协调。在上海，常用叶蜡石、青田石精雕古房舍、水榭、舟楫等摆件，在水景设置中效果会很好。在设置时，同一盆中的摆件质地尽量统一，否则易显杂乱。

树石盆景中常用的摆件有以下几类。

图2-19 "饮马图"局部 因为马（摆件）的存在，画面变得生动多韵，为作品增添了更多情趣色彩

图2-20 "秋思"局部　根据马致远《天净沙·秋思》曲意构置的"小桥、流水、人家、古道、瘦马"。多个不同的摆件元素运用于同一画面，一定要讲求材质间的统一协调，二要注意前后的透视关系和比例关系

图2-21 "枫林醉"局部　人物设置要服从主题的需要，其比例、内容一定要融入环境，方有意境可言

人物类

此类陶质摆件很多，主要有：农夫、樵夫、钓叟、牧童、乐者、书生等，姿态有独立、独坐、对弈、对酌、读书、弹琴、吹箫、垂钓、骑牛等（图2-22）。

动物类

主要有牛、马、鹤、鸡、鹅等，其中以牛、马运用为多。

建筑类

主要有茅亭、四角亭、圆亭、茅屋、瓦屋、水榭、石板桥、拱桥、木板桥、竹桥、古塔、大厦、水坝（图2-23、2-24）等。

图 2-22 人物类摆件

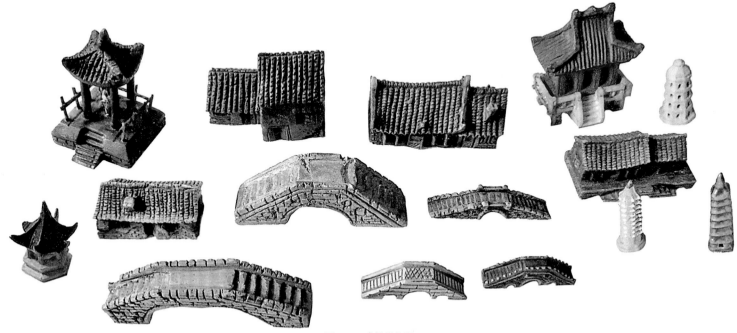

图 2-23 建筑类摆件

舟楫类

主要有帆船、橹船、渔船、渡船、竹筏等（图2-24、2-25）。

除选择成品摆件外，很多时候可以根据作品需要，采用竹、木、石、金属等材料，自制摆件，这样可以使摆件在规格、造型、色彩等方面更合乎创作意图，使作品更富于个性。1997年，贺淦荪先生为欢庆香港回归而创作的"海风吹拂五千年"中运用了大量的"高楼大厦"，其中的摆件就是其本人用青田石雕琢组合而成。

图 2-24 茅亭、舟楫类摆件

图 2-25 舟楫类摆件

图 2-26 盆面留白处即为水域，其形状变化是由驳岸、点石及远山留空映衬出来的。虚白的水面也反衬了各实体部分的空间表现（远处摆件为青田石雕琢的"高楼大厦"）

图 2-27 "清溪枫韵"局部　溪的曲折灵动依靠石头的布设可以实现。瞧，眼前的这条小溪仿佛就在流动，由远及近，奔流不息。"水因石而动，石因水而灵"，布石的乐趣也在于此

水

　　水是"生命之源"，盆景植物的生长离不开它。要想盆景作品生长健康，青春常在，合理科学地浇水必不能少。

　　另外，盆景是以表现自然景观为目的的，很多形式的盆景都离不开水景的烘托，因此说水也是树石盆景景观构成的要素之一，我们定名"山水"盆景、"水旱"盆景，皆是因为"水景"的存在。

　　"山因水活，石因水灵"。在盆景作品中，水主要起烘托作用，因为有水的存在，作品才会变得更有灵性，更有韵味。水是无形的，在盆景创作中，是因为山脚及驳岸的迂回变化，水域才会变得有形、有味、有趣（图2-26、2-27）。

土

在树石盆景制作中。土不光是介质，起着固定树木的作用，同时也具有储存和提供植物生长所需的水分和营养物质、维持植物生长的作用，更重要的是还能协同塑造地形，完善作品效果。

树石盆景中的植物大多栽种于浅盆或石头穴洞中，用土量少而易流失，因此对土壤的要求相对较高。除了具有良好的通气、排水、保水性能外，最好还具有少许的黏性。我们一般用0.3~0.5cm的颗粒土兑3成的腐殖土或椰糠配成营养土。

好的盆土应具备保水能力强、排水能力强和通气性能好等特点。具备这些特点和良好的理化性状是盆景健康生长的保障。

首先土壤团粒结构一定要好，且稳定。土粒间的间隙使土壤内空气充足，且交换频繁，有利于有益菌的生长，这些有益菌分解土壤中的肥料，从而利于根部的吸收消化。

良好的盆土能在一定时间内保持盆内足够的湿度，给盆景提供一个适合它生长的环境。反过来，当水分过多时又能及时地排出盆外，排水能力不强的盆土容易导致板结，同时过多的水分会使得树木根部腐烂，直接导致盆景枯死。

在盆土配置时，要根据盆景植物的大小和生活习性选择基质的种类及粒径，中大型的盆景选择粗粒土和中粒土；而小微型及山体石缝中的可选用细粒土。松柏类盆景可选用透气性能好的风化岩、火山岩、赤玉土作基质；杂木类植物生长繁茂，可多掺加椰糠等保水性能好的有机质成分（图2-28）。

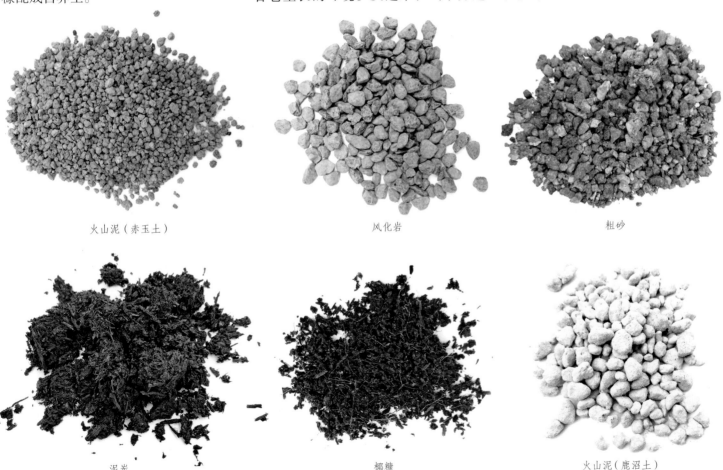

火山泥（赤玉土）　　　　风化岩　　　　粗砂

泥炭　　　　椰糠　　　　火山泥（鹿沼土）

图 2-28 不同类型的盆景用土

▪盆

盆景被誉为"立体的画"。在树石盆景中，盆是"画纸"，我们的构图、立意、制作都离不开它，盆外的三维空间是我们的画面；盆同时又能充当载体，盛土装水满足主体所需；有的树石盆景的盆又是景的组成部分，不可分割，如天然石盆及景盆的运用。因此，在树石盆景创作中，一定要重视盆的表现力，应从多角度发挥盆的作用，因为它对于主题的烘托非常重要。

树石盆景的用盆有多种，如紫砂盆、釉陶盆、瓷盆、大理石盆、云盆、天然石盆、人造景盆等，有规则式的，也常有异形的（图2-29）。在选用时一定要服从于主题的表现，以能烘托主题、写意达意为主导。

树石盆景类型较多，但从表现形式上区分，主要有旱景和水景两类，二者在用盆上区别较大。

旱景

往往树作主体，盆多作为载体，主要考虑的是盆的款式、色彩、质地、大小是否合乎景的要求。附石类、配石类盆景配盆类似树木盆景，但一般宜选择长方或椭圆的浅盆，以色雅的釉陶盆为好，有时也选用紫砂盆。选用比例适合的浅盆是为了弱化盆的体量和存在感，进而衬托主景的高大、多姿。

水旱盆景及组合类

大型树石盆景通常选择浅口的大理石水盆或汉白玉盆，有时也会选用浅口釉陶盆。

水盆的形状，以长方形和椭圆形最为常见和适用，并以造型简洁明快为好，不宜复杂。当前水旱盆景和景盆组景中，也经常采用自然石板，随意切割加工成流线的石盆，形状不规则，也无水相映，但"旱盆水意"，依然有很好的艺术效果。

水盆或石板的颜色以白色为多，有时为衬托主景，也会选择黑色或草绿色，如表现雪景和夜景一般采用黑色盆，表现湖水用绿色盆。

盆的长宽比例主要依据所表现景物的深度来选择。现在常用的水盆长宽比为5∶3，有时为了景深的表现，亦可加宽为1∶1，即正方形或圆形。对于长卷类型组合盆景，也可定制狭长的长方盆。

釉陶盆

瓷盆

大理石盆

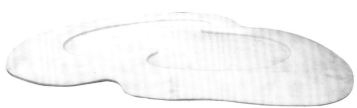

汉白玉砚盆

图2-29 不同质地和类型的盆

图 2-30 竹林逸隐
用材：凤尾竹、龟纹石
规格：盆长 100cm
作者：江苏扬州 赵庆泉
　　水旱盆景通常采用浅口的大理石盆，其地形地貌需
要用石头和土壤共同去营造，起伏高低，方显自然

张夷先生创导的砚式盆景是建立在盆的变化上造景的典范，砚盆是采用大理石或汉白玉加工成各种各样的异形状，在板面上按意布置不规则的凹池（池很浅，0.5cm左右），用于布石植树。盆的留白处可撒石造滩，也可摆船作湖，亦可置石为山，一切在于变化，这种砚盆实际已超越盆的原始功能，变成为景的组成，它带有很强的写意成分（如P119）。

自然石盆有两种：一种为天然云盆，另一种为自然石挖洞加工成的盆器（图2-31）。

1. 云盆

是喀斯特地貌岩溶地形岩洞里的岩石，经千百年一滴一滴的点落沉积，经漫长岁月叠合而成各种不规则池形的石体，底层裁截后独立为盆。一个品质上乘的云盆其显著的特点是盆口边缘带有明显的柔和波浪形的单层或多层"云边"，合围成高低起伏、大小不一的水池或梯田。云盆大者长数米，小者只有六七十厘米，小型而层次多变者适合我们植树造景。我们取其天然元素，大池栽树，小池放水或植苔，阡陌交通，别有情趣。近年来，随着资源保护意识的加强，国家禁止开发钟乳石，故而天然云盆也越来越少，我们倡导以人造云盆替代。

2. 人造盆景

当前树石盆景经常采用表面纹络丰富有变化的英德石或青石等天然硬石进行局部加工，作成盆状，配树造景。

人造盆是指用多块同类石种拼接胶合而成，外观有一定变化和审美价值的盆器，配树后即可独立陈设观赏，也可多个组合为景。

云盆

人造景盆

自然石盆

图2-31 不同类型的自然石盆

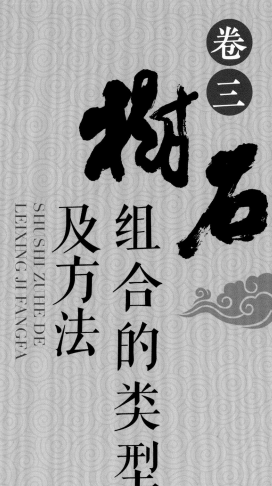

卷三

树石组合的类型及方法

SHUSHI ZUHE DE
LEIXING JI FANGFA

树石盆景是树木和山石自然而巧妙融合的构成形式，结合的类型和方法有很多种。在构成上，虽然也会有以树木为主或以山石为主的现象，但是树木和山石在作品的结构比例中，双方都占有非常重要的位置，不可缺少，舍去了一方，另一方就不能成立，或影响主题表现，逊色无味。

树石结构的盆景作品表现形式多样，制作方法也不尽相同，现归类介绍。

以石为主类

有些作品以石景为主体，石头在画面中占有很重的分量，树多作为配角写意；还有就是在制作顺序上是先有石头，后以石配树组景，如附石盆景。这类盆景缀树的目的旨在表现自然神韵，赋顽石以生机，借以调节构图重轻、增添画面的生动性和感染力。

山麓植树法

有些用材较少、构图简洁的写意山水中，通常在山前点缀一两株树木，以增加山的深度和活力。这种方法一般用于表现"高远法""平远法"，通过树木映衬作品的层次感和空间感（图3-1）。

图 3-1 烟波何处
用材：石灰石、雀梅、真柏
作者：江苏苏州　严学春、汤坚

图 3-2 崖翠
用材：水蜡、石灰石
作者：山东济南　梁玉岭

图 3-3 丛林狮吼
用材：玉山石、虎刺
作者：上海　殷子敏

图 3-4 桂林山景
用材：砂积石、福建茶、榆树
作者：香港　伍宜孙

山顶植树法

世称石上式，这类盆景在造景上通常采用写意手法，表现简洁或多趣的山林奇景。用树为一两株或多棵丛植于石头中，多用于近景或中景表现。在培养过程中，因为石头是死的，树是活的，一定要注意树石比例的控制，树"小"方显石"大"，树过"大"了则景就没了。

栽植树木的树穴以自然天成或机械开凿。主要表现形式有两种：

1. 峰岭式

在峰状或岭状石上，根据景观需要，孤植或群植树木，以示其雄劲、高挺或飘逸，有如泰山青松，绮丽多韵（图3-2）。

2. 全景布势缀树法

指一些大视角、境域宽的怪石类布景或旱景群峰式布景、山水类型布景。用于全面经营位置，协调重轻，渲染雄秀刚柔，增添山林情趣。在布树时多用小树呈林带状分布，要依照山势考虑此林与彼林之间的主次、高低、远近、聚散、疏密，以及与山体之间的藏露、虚实等空间关系，此类盆景树木的大小可强化空间关系，但一定要注意比例，不可失调（图3-3、3-4）。

倚石布树法

倚石布树法与园林置石布树的手法异曲同工，因此也适用于表现单体树木的庭园小品。此法多运用于瘦、漏、皱、透的"石状石"缀树布景，两者相依而安，互补生情。在创作上可以是树依石，也可以是石依树，可以将树干嵌入石缝或石穴之中，或者树干抱石、绕石，它表现树木在特定环境条件下，运动生成的树相，又能展示景石的的美妙形态。倚石式树石盆景，树和石在生理上可以说是没有关系的，只是互相衬托。树是生长在盆上的，石也是矗立在盆上的，但必须依偎自然和顾盼有情，才是好的作品。

多用于表现近景。树石相依，互补生情。以示刚柔相济，雄秀结合之美（图3-5）。

附石法

世称附石盆景，此法古而有之，大自然中亦不乏实例。用于近景特写，但不同于上述的倚石布树法，前者树与石之间虽依偎相亲，但只是恋爱关系，未交融一体；后者树石一体，相存相生。此法根据表现形式不同又分为多种方法（图3-6）。

1. 根干嵌入法

树根或树干穿插于山石的石缝或褶皱之中，与石头交融一体的一种树石结构的盆景形式。它既能展现石头的美，也表现树根和干的变化之美，更主要的是展现一种精神，歌颂生命之顽强，不畏艰险的攀登精神或凌空俯视万物的气势。这类盆景，石头为主体，常选石为先。制作附石作品，最好选择硬质的山石材料，避免数载辛苦，功成而折损。岭南地区这类盆景很多，一般选用高挺多变的英德石、类太湖石作主石，后附树于上，再放长培养

（后文有专述）（图3-7）。

2. 攀石法

根穿于石中，或根部绕石而上，攀搭于石头一侧或顶端的一种形式，这类盆景貌似树木为主，石为辅，实际在培养过程中同样选石为先，逐步培养而成。但最后作品表现更多的是树木的一种动态情趣，石头只是载体（图3-8）。

3. 骑石法

根包石外，骑坐于石顶之上展望前方。用以展示树根之美，树石结合之妙和树性顽强、拼搏之精神。这类树木在初期附石时对根系的布局还是要有变化的排布，要起伏流畅、疏密相间，否则也会显得呆板（图3-9）。

4. 包石法

在福建一带，人们在山野之中经常取到榆树、朴树的干部或根部与石头经过数十年生长交合一体的天然桩材，拿回后进行补接枝条等加工培养，完成的作品树石自然一体，怪异野趣（图3-10）。

图 3-5 木石前盟
用材：英德石、榔榆
作者：广东江门 冯锦添

图 3-6 赤松附石
此松自小在石隙中长大，自然天成。10年前，山东平度的孙智先生请10人从山上抬下，植于盆中，乃一绝品

图 3-7 傲骨仙风
用材：山橘、英德石
规格：石高 70 cm
作者：香港　吴成发

图 3-8 景名：望乡
用材：三角枫、黄石
规格：80cm×65cm
作者：湖北武汉　张泽霖

图 3-9 涌云
用材：福建茶、英德石
作者：广州佛山　杨锡佑

图 3-10 秋意满林间
用材：榔榆、黄石
作者：福建　王传新

挂壁法

世称壁挂盆景，是近几十年来创造发展的一种盆景新形式，有树木壁挂式、山石壁挂式、树石壁挂式三类。树石壁挂是利用壁板为"纸"，以浮石、砂积石或其他硬石为材，配树造景，是"活"的立体的"画"；其壁板可以采用多种材料，陶板、瓷板、石板等。用于养护树木植物的土壤，可以利用山石的洞穴，也可以穿过底板藏于其后。以大理石为底板的壁挂盆景，可以利用天然石色纹理表现烟霞云雾、流水激浪、远山近坡，极大地丰富了盆景可视的表现内容（图3-11）。

图3-11 武夷风情
用材：六月雪、芦管石
规格：60cm×100cm
作者：广东　池泽森

以树为主类

这类盆景制作以树为先，后选石配景，用于美化、提升树的观赏效果，扩大景观表现力，增添野趣。有些配石还起到扬长避短的效果，弥补树木的部分缺欠，从而完善主体，突出主题。

配石法

有些树木主干欠佳，或根理不全，配石用于遮掩谐调，或调节重轻，以提升观赏效果（图3-12）；很多树木干形单调，单独展示表现力不够，通常采用组合配石的办法，以增添韵味（图3-13、3-14）。

图 3-12 紫薇盆景
作者：江苏苏州　朱子安

图 3-13 松韵醉仙
用材：黑松、石灰石
作者：徐荣伟

图 3-14 云蒸霞蔚
用材：大阪松、英德石
作者：江苏苏州　朱子安、朱永源

以石藏干法

作用与配石法相近。用于主干欠佳，细长无力之树作遮掩，以扬长避短，增加作品的厚重感和情趣，宛若岭上树生，独具天趣。但这类盆景通常单面观赏（图3-15）。

石包干法

树植盆中，用石头全面包藏树干，只留上部枝叶与石景辉映一体，作用与藏干法相近，借以达到多角度观赏效果（图3-16）。

图 3-15 牧归
用材：榕树、英德石
作者：福建泉州 许彦夫

图 3-16 别有洞天
用材：雀舌罗汉松、宣石
作者：江苏南通 朱宝祥

图 3-17 岩松
用材：五针松、砂积石
作者：浙江温州　陈顺义

图 3-18 山花烂漫
用材：杜鹃、英石
收藏：宁波绿野山庄

根穿石法

根穿石或可称为石包根。根穿石法有半穿石与全穿石两种。半穿石即在封闭有底的山石洞隙中种植树木；全穿石则在开放式无底的洞穴中种植树木，将其根系穿过山石的洞穴引入盆内，实际上是用山石打了个围子，增加了容土量，对树木的生长有利。根穿石式的树石盆景石料选用硬质、吸水的软质都可以，只要比例合适，并且对树种也不挑剔。在表现景观上，范围更广些，不仅可以表现石顶、崖顶和峰上的景观，还可以是山麓、山坡的景象。栽植的树木，独木、丛林、合栽皆宜，因此，根穿石式树石盆景在用材和表现内容以及在管理上，相对要丰富和方便一些（图3-17）。

根抓石法

此法师法自然，作近景表现。为增添野趣，在树木小时候将其根部穿插于玲珑多变的石头上，后下地养桩，随着树木的长大，根石融于一体，从而增加作品的天趣之美（图3-18）。

点石法

此法用于近景和全景之布局。点石是在盆面上或盆土中点缀布置少量山石，表现树木生长的地貌环境，或调整构图布局的轻重，达到均衡，增添自然野趣。点缀山石要把握树木形态与山石形态的和谐与统一，要求选用大小不一、轻重不同之石进行组合，要注意树与石、石与石之间的主次关系，要做到虚实相生、石脉相通、聚散有法、错落有致（图3-19、3-20）。

水陆法

世称水旱盆景，即盆中有水域，又有陆地，是一种景域开阔、表现力强，并富于画意的一种盆景表现类型。水旱盆景表现的内容丰富，适宜表现溪涧、江河、湖海及岛屿等。

根据陆地及水面的大小及位置区分，大致分为几种不同样式，每种式样，可以通过对树木、石头、水面、地形等元素的不同处理，达到画面的千变万化。

1. 水畔式

水畔式是水旱盆景中最传统的一种形式，以石为界，水陆两分。盆的一边是陆地，另一边为水面，作为分水岭的石头驳岸是景观的组成部分，在布局上一定要有曲折起伏。陆地部分用以栽种树木，布置山石；水面部分也常布置三两块山石，作为礁石或远山。水畔式水旱盆景主要用于表现水边树木的情趣，画面简洁，适合于中景表现。树木可孤植，亦可多株合栽（图3-21）。

图3-19 村头小景
用材：米叶冬青、龟纹石
作者：山东济南 梁玉庆

图3-20 悠悠岁月
用材：金弹子、石灰石
作者：四川邛崃 方德贵

图 3-21 嘉陵江边
用材：杜鹃、龟纹石
作者：重庆 杨树林

图 3-22 楚韵叠翠
用材：翠柏、水蜡、龟纹石
作者：湖北荆门 邢进科

2. 岛屿式

盆中水面环绕陆地为岛，中间以山石隔开水土。一般盆中仅有一个小岛屿，有时也可为二三，岛屿多时一定要有主次、高低、远近变化。主岛屿四面环水也可三面环水（另一面是盆边），通常水中布置点石，为渚为礁，增加过渡，丰富画面。岛屿的形状宜呈不规则形，水岸线要曲折多变，地形宜平缓并有起伏。在树木配植上以多干为妙，并且要注意高下、远近层次以及树木跟岛之间的比例关系，不宜夸张过度（图3-22）。

3.溪涧式

以石筑坡，分陆地为两岸，中为溪涧。两边的陆地大小不一，亦分主次，高低起伏，避免对称。溪面由近及远，宜开合有度，曲折迂回。表现溪宜开阔平缓，不宜取高大石料作驳岸；而表现涧，则水流宜激，岸高有深度。这类盆景树木的配植宜多株合栽，方有纵深感。此法开创了现代树石盆景的新格局（图3-23）。

4.江湖式

用于全景布局，但布局方法不同于溪涧式，因江、湖水域较宽，两岸树木难以整体表现，通常采用偏重一屿的做法，主体置于一侧绵延后展，水面在另一侧前方。陆地一方植树组景时要着眼于景观深度，可在后方配植小树或布置远山，甚至设亭，通过物象的透视关系增加景深。水中点石为渚，进而扩大水面的表现力，展现合乎自然的景致。

江湖式布石的表现方法一般为：布于树下视为石，增添山冈韵味；点于水中视为渚，丰富湖面变化；置于远处视为山，深化空间关系（图3-24）。

5.多景式

用于全景布局。在一个盆中同时体现江湖、溪涧或岛屿的这种相对复杂、景观表现力更强的布局形式，这种形式景域宽阔，带有长卷色彩（图3-25）。

6.综合式

有时为表现特定的树态情趣，将附石盆景也融于水旱盆景的形式之中，别具风情，这类多种形式综合并存的盆景形式可归于综合式（图3-26）。

图3-23 八骏图
用材：六月雪、龟纹石　盆长：180cm　作者：江苏扬州　赵庆泉

在中国传统绘画中，曾有过不少以八骏为题材的作品。该作品借鉴了中国画的手法，选用了长而浅的盆，进行"绘画式"的精心组合。稀疏的丛林、开阔的草地、平静的水面、悠闲的八骏，充满了温馨、祥和、浪漫、恬静、自然和轻松。

作品采用溪涧式布局，主次分明又顾盼呼应。在疏密关系上有鲜明的对比。在透视处理上，不仅注意到树石的近大远小及参差变化，同时将水面处理得前面开阔、渐后渐窄，故能表现出深远的景物，且使远近关系格外明朗

图 3-25 小桥流水人家
用材：黄杨、龟纹石　规格：盆长 150cm　作者：江苏扬州　赵庆泉
　　该作品将上述几种水旱盆景形式有机地结合起来，表现了山野农家、石桥溪水的自然景色。在布局上，右侧旱地部分为主，左侧岛屿为副，中间形成溪涧。树木与山石穿插变化，水面与旱地相映成趣

图 3-24 南国牧歌
用材：榆树、龟纹石
规格：100cm × 70cm
作者：湖北咸宁　冯连生

图 3-26 碧翠云涯
用材：福建茶、英德石
规格：高 90cm
作者：广东佛山　陈志就

▌以石为盆类

树有流畅之姿，石有雄浑之势；树有清新之韵，石有阳刚之美。采用自然的石料作盆，直接栽植树木，这也是当前常用的办法。这类形式强化树石结合，具有走向自然景观的艺术效果。

自然石盆法

自然石盆是指采用天然盆形的石料或自然多变的石料通过开洞、打磨，加工成盆器，制作后又保持了天然外形的石盆。

在自然石盆中，最具代表性的是"云盆"，又称为灵芝盆，是石灰岩溶洞中天然盆形石开采制成的，云盆产量少而昂贵。如能充分利用其自然外形，盆内用树、石结构造景，将会是十分别致的树石盆景，小者若写意画小品，巧拙互用，天然成趣；大者宛若山乡田野，阡陌交通，鸡犬相闻，蔚为壮观（图3-27）。

另一种是凿石为盆法：当前，随着电动工具的普及运用，对硬质石料的加工已变得很容易，当遇到外形变化有味的石料，可通过局部加工变为盆器，缀树造景。这类石料在加工时一定要立意为先，包括对树木的配植姿态、数量都了然于胸，方能有的放矢，最终景石一体，自然天成（图3-28、3-29）

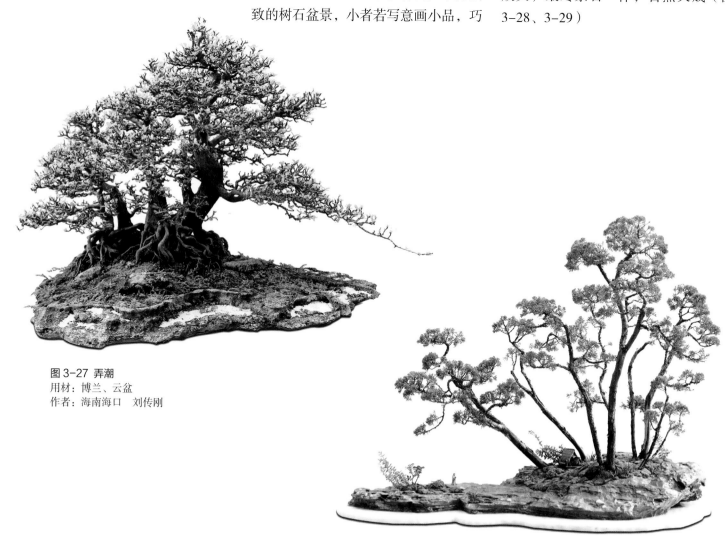

图 3-27 弄潮
用材：博兰、云盆
作者：海南海口　刘传刚

图 3-28 云深不知处
用材：真柏、济南青石
作者：山东济南　李云龙

图 3-29 江南春早
用材：真柏、龟纹石
作者：江苏南京　张振卿

图 3-30 问松
用材：五针松、黄石
规格：65cm×75cm
作者：湖北武汉　贺淦荪

景盆法

"景盆"与自然石盆的相同之处，都是将山石制作成具有盆的功能，都能栽植树木植物。不同之处是自然石盆是依赖原石的外观造景，并基本保持原石的原貌和完整性，而"景盆"是依照树木习性、长势、阴阳向背，以石绕树，由多块石头拼合而成。"景盆"是"景"与"盆"的融合构成，"盆"生"景"内，"景"可观赏，"盆"可植树。

景盆法丰富了树石组合盆景的表现形式，即可独立观赏，又可组合成景，扩大了观赏效果，是大型组合多变树石盆景的基础方法。

景盆造型分为浅、中深、深3种类型，在表现自然景观上，浅的适合表现山坡、水岸、礁渚，中深的可以表现坡岭、崖壁、山麓，深的景盆则能表现山峰、山岭、峻峭的山头。复杂的景盆之中，还能制作出溪流、池塘、湖泊等水域。景盆树石盆景分则可以独立成景，

合则能够组合多变，结构成多种自然景观，既能刻画出溪涧、江河、湖海、岛屿，亦能表现崇山峻岭、悬崖峭壁、山麓丘陵，能在无限的时空中截取物相，表现复杂多变的、丰富多采的大自然景观。景盆树石盆景是一种表现范围更大、更自由的形式（图3-30）。

景盆制作时，须意在笔先，把控好各方要素：既要出彩，突出景观效果，还要合乎自然之理，不可夸张过度，树石比例失调。

▌综合多变类

随着树石盆景发展的深入，盆景的形式也在不断融合出新，有些树石盆景类似于山水盆景，但树木的比重较大，构图上也借鉴了水旱盆景的一些布局手法，表现的景观丰富多趣，此类皆属综合类（图3-31）。

还有就是在以"景盆"为单元的基础上构建的大型的综合式盆景，通常表现场景宏大、内容丰富。为便于搬运，故采用"组合多变"之法，可拆可分，

随意组合。这类盆景的创作必须创意为先，依题选材，按意布景，进而形随意定，景随情出。布局上要多法互用，相辅相存，力求式无定型，不拘一格。

贺淦荪先生20世纪80年代初创作的大型山水盆景"群峰竞秀"（图3-32），是由25件独立造型完整的芦管石作品组合而成。他开创了山石盆景"组合多变"之先河，可随心所欲组成多种画面，"既能摆成巍峨雄伟的武当胜景；也能布成险峻的三峡风光；还可移组黄山奇岭、桂林秀峰、庐山一角……"。这件作品类似于山水盆景，因为石头为

主，其体量明显多于树。细观则发现它近景均采用景盆法植树，树植"景盆"中；中景是树植石上；远景则无树，以苔造景。

"风在吼"作品树石并重，是这一类型的代表，三棵树分植景盆，平时分开培养，展览观赏时则组合为景。

自然界树石结合的形式多种多样，组合为盆景的形式也远不止这些，以上只列举了部分，借以抛砖引玉。希望中国盆景更多地由制作转向创作，发挥作者更大的想象空间和耐性，创作出更多富有情趣和意趣的树石佳品。

图 3-31 我的家乡沂蒙山
用材：龟纹石、六月雪、米叶冬青
规格：盆长 150cm
作者：山东滕州　张宪文

图 3-32 群峰竞秀
用材：芦管石、翠柏、水蜡、红枫等
规格：300cm×130cm
作者：湖北武汉　贺淦荪

卷四

树石

盆景

的制作

SHU SHI PENJING DE
ZHIZUO

"山性即我性，水情即我情"，要做好树石盆景须具山水性情。优秀的树石盆景作品"自然得体、和谐唯美、富于情趣、饱含画意"。我们欣赏很多大师的作品时都能深深地领略到这一点，但要做到这一步，需要作者具备较高的文化素养和艺术修养，并且要有长期的盆景艺术实践经验积累，因为树石盆景的创作是建立在单体树木造型和山石造型基础上的，作者需有树木盆景和山水盆景两方面扎实的造型基础和一定美术基础，才有可能创作出富于诗情画意、耐人寻味的作品。

要完成一件优秀的树石盆景作品，需要花费很长的心力和精力，其中以下4个环节至关重要。

立意为先

王维在《山水论》中说："凡画山水，意在笔先"。盆景创作同绘画一样，须"立意为先"。"意"指创作之前的立意构思，浅了讲包括用材、构图及加工方法，更深层面包含作者的内心情感和志趣。"意"是情之所发，无情则无意，无意则不立，"意奇则奇，意高则高，意远则远，意深则深，意古则古，庸则庸，俗则俗矣"。"意"之奇、高、远、深，庸俗与否，皆与作者平时的综合素养积累息息相关。

树石盆景的创作源泉同样源于生活，源于大自然，源于作者的内在修养，它包含作者对于文学、园林、书法、绘画等艺术门类综合素养的日积月累与潜移默化。清代著名的大山水画家石涛说过："搜尽奇峰打草稿"；中国现代著名山水画家李可染也说过，要画好山水须"行万里路，读万卷书"。只有"胸有丘壑，腹满林泉"，将大自然之美景精华融于胸中，得其神韵化解于心，方可"下笔如有神"，在创作中潜移默化、随心所欲地表现其自然神韵。

对于水旱盆景的创作，一般材在意先，构思立意是建立在树材的基础上；附石盆景很多时候是建立在先有石头的基础上，有时也会先有树材，再立意配石。

依题选材

搞盆景创作与绘画不同的是盆景的立意灵感多半情况下先依附于"材"，即先有材料，后因材赋意，按意布景，进而景随情出，造景抒情；有时也创意为先，依题选材，但这种方式经常为找到合适的材料会花费很长的时间。

制作水旱盆景，要想表现自然而富于多变趣味的景致，在选材时就需要有大批量经多年养护造型的成熟树木备用，这其中还要求树体之间的体量变化悬殊，粗细高低不一，并且多种树形并存，有直干、斜干，甚至临水形，这样在选择时方有余地，完成的作品相互间的亲和度好，表现力强。

水旱盆景创作的关键是情境的营造，塑造一个自然而富于情趣的生境至关重要。首先是石料必须与要塑造的境域相适合，与树木相协调。作品"清溪枫韵"（图4-1）中树木为红枫，表现的是中远景，选石时考虑英德石，是因为其色青，与汉白玉盆及青苔地貌有色差且协调，并且与红叶相衬又产生冷暖对比。再者，该石种纹络细腻，形体自然多变，用于驳岸衬托细弱的枫林也非常适合；作品"峡江恋曲"（图4-2）表现的是峡江春色，场景大，空间感强，对石头的单体表现要求高，故改用自然而有线条变化和块面展示的龟纹石作主料，以彰显其气势；作品"大地微微暖气吹"（图4-3）树木为对节白蜡，以风取势，动感强烈，因为树干灰白色，盆白色，故选择青色的龟纹石作驳岸，一来考虑色彩的对比，二来龟纹石圆润厚重压得住，这里如选择英德石就显得不适合了。

巧于布势

艺术创作的核心包括创意与加工。其中，创意是关键，决定作品的灵魂，没有好的创意，作品可能沦为平庸，而精心的布局加工是使作品完美的保障。只要树石组合到位，布势得体，即使树木不够成熟到位，依然会有韵味可言。很多时候素材普通，没亮点，但只要我们善于抓住材料的特点，精心构划，巧于布局，也会有很强的艺术感染力。

水旱盆景的自然情趣是树与石共同塑造的，两者之间的章法布势决定作品情境的高深，画面中的虚实聚散、

图 4-1 清溪枫韵
用材：红枫、英德石
规格：盆长 100cm
作者：安徽黄山　张志刚
收藏：宁波绿野山庄

远近起伏、高低错落、向背弛张等关系的微妙处理是作品成功的关键。作品"大地微微暖气吹"采用的是水畔式，表现的水域边陆地的一角。因为树木为风吹式造型，枝势奔放，尺度大，在盆面空间分割时不宜琐碎。水令林远，水畔式使水陆分割，主体风林在视觉空间上会被推远，变为中景。驳岸的布设更需要匠心，它的布局连接水陆，既关乎画面的轻重平衡，又注重意趣的构画。该作品也因驳岸而出彩，情趣迭生，画面中的树林变得更高大和富于灵性；作品"清溪枫韵"采用的是夹岸式，中间是溪流，两侧是枫林，作全景展示。这件作品的中心是溪，蜿蜒灵动，潺潺有声。枫林因溪而清静，溪因枫林而旷远；作品"峡江恋曲"采用的是综合式布局，虽然两岸中间也有水流过，但它表现的已不是潺潺的溪流，而是浩瀚汹涌的峡江，既有"不尽长江滚滚来"的雄壮，又有"奔流到海不复回"的豪迈，这种气势已非图4-1可比，前者清秀静谧，后者雄迈奔放。

精于养护

树石盆景创作不是一蹴而就的，它需要后期长时间地精心养护，才会成熟。通过对树的进一步培养、磨合，优化处理枝与枝之间的层次处理、树与树之间的过渡穿插等，则林相会越来越丰富多采，耐人寻味；对于附石盆景而言则需要更长时间的培养，一般从育干（根）开始，经历蓄枝、养片，到成型。在漫长等待中只要用心、科学护养，就可以大大缩短成型时间。

俗话说"三分做，七分养"。盆景后期养护还包括对树木做进一步完善及保健，它对于盆景内涵的提升和维护至关重要。

图4-2 峡江恋曲
用材：金钱松、龟纹石
规格：盆长 240cm
作者：安徽黄山 张志刚
收藏：宁波绿野山庄

图 4-3 大地微微暖气吹
用材：对节白蜡、龟纹石
规格：盆长 150cm
作者：安徽黄山　张志刚

附石盆景

附石盆景在宋元时期的画作中出现，它是中国盆景的传统形式，也是树石盆景的主要类型之一。

附石盆景是早期岭南盆景的重要组成，早在20世纪50年代就达到了很高的水平，特别是香港的黄基棉、伍宜孙先生在这方面成就很大，创作了很多富于个性和画意的艺术作品。近些年来附石盆景在全国范围内发展迅猛，已进入商品化生产阶段，将大量进入市场，走入千家万户。

优秀的附石盆景饱含画意诗情，富于情趣，在创作上需要意在笔先，构思巧妙。它制作难度很大、耗时较长。制作上首先要选取有美好形式和具体适合于植物贴附的有皱纹的景石，然后才能开始配树、培养。

附石盆景的表现内容有多种，但其制作主要归为两类：根附石和干附石。

选石

当前除了岭南地区，湖北、上海、江苏、安徽等地很多爱好者都在创作附石盆景，对石料的选择也五花八门。但主产于广东的英德石一直是大家的首选石料，它是由裸露的石灰岩经长期的自然侵蚀和风化而成，质地坚硬、形态丰富、体态嶙峋、皱纹多变、色彩青雅。

除英德石外，更多的是类似于太湖石的石灰石，这类石头孔洞多，石身变化丰富，另外还有青石、钟乳石、灵璧石、风砺石等。不论哪种石料，尽量选取质硬纹理好，瘦高有曲线变化，表面多皱纹的。如根能嵌入山石的天然沟槽中则更好。

要想创作有品位的附石盆景，不论哪种方法，石头的品相最为关键。岭南派附石盆景大师黄基棉先生说："选石，首重'云头雨脚'（图4-4），古书中之奇石大多如此，这是石头中最险峭的形象。要将此形象制作成盆景的难度亦最高，所以我们创造出倒制'草鞋底'的办法，已固定和保持石头的重心，使其屹立不倒，再以适当的树种附于石头上，就能创作出玲珑剔透的作品"。也就是说一定要注重石头的形格、气韵，这是作品成功的基础之一。

图4-4 赏石中的"云头雨脚"，一般上大下小而富于变化

附石方法

1. 根附石

攀石法和骑石法都是以根造型，根穿于石中，或根部绕石而上，根的造型布势非常重要。这类盆景看上去以树木为主（最后作品表现出的多是树木的一种动态情趣），石为配角，实际在培养过程中同样选石为先，逐步培养而成。

石头的处理：选石以有自然缝隙、沟壑的天然石为好，现在也通过电动切割机按意开切沟槽，附根于沟槽中，待根系长粗，与石头亲和后则不现凿痕，

在开槽时，线条一定要自然流畅，否则，最后的根部变化也显生硬。

石头若是"云头雨脚"型（图4-5）或斜飘型，则基部用水泥胶结一基础，便于稳定。

对盆钵的选择：一般选择长方或椭圆的浅盆，以色雅的釉陶盆为好，有时也选用紫砂盆。选用比例适合的浅盆是为了弱化盆的体量和存在感，进而衬托树石的高大、多姿。

对树种及根桩的选择；适合附石的树种应选择以根系发达、生长迅猛的小叶品种，如小叶三角枫、六月雪、榕

树、榔榆、黑松、杜鹃、朴树、金雀、罗汉松、山橘等。一般选取生长势良好、健壮、须根发达、侧根最好有5~6条较粗的长根树桩（图4-6）。

制作与养护：选择带有丛根的根头按意向将根系嵌于缝隙或沟槽中，用麻绳捆绑固定，麻绳与根部相交处加橡皮垫；因石头的起伏不能使麻绳与根相接的，可加衬木固定（图4-7）。

头部以下与石头一起包裹或打围，底置营养土，上部填河沙（须根有向肥性，会下扎）（图4-8）。上完盆后一次性浇透水（如果是榆树，修剪后不宜马

图4-5 "云头雨脚"型的石头难以固定，通常采用在石头底部用水泥砂浆浇底之法加以稳固

图4-6 选择附石的树木，一定要具备有几条粗长的根系

图4-7 根据立意，将树木的根系分置于石头的沟壑中，其走向、分布依石而定，必要时可机械辅助开沟。外用麻绳或胶片铝线捆绑固定

图4-8 将附树的石头栽植于大些的盆中，便于放养。在盆上加套筒包裹根系，内填河沙，利于保潮和根系的下扎

图4-9 放养中的附石榆树。前两年只作少量疏枝，大枝不能剪，任其放长，这样可带动下部根系的快速增粗、伸长

上浇水，应晾置2天后再浇水，否则易造成伤流，影响健康）。刚栽的树桩本身蒸发量和需水量不大，待土稍干再浇水。另外可用砖将盆一角垫起，以利漏掉多余的水，也有利于透气，盆应放在没阳光直射且背风的阴凉处。

早晚向树干各浇1次水，确保树干的水分供给，给萌芽造成良好的生长环境，缓慢地接受阳光适应一段时间，就可任其放置阳光充足的地方正常养护，浇水一定要按照"见干见湿"的原则，刚上盆的抱石桩景，最好不要施肥，因桩景的根系伤口没完全愈合，肥的浓度不好掌握，搞不好会使树桩烧死而烂根，前功尽弃。精心养护的树桩成活后，就可以根据树形进行细致地抹芽定枝、蟠扎整形。

榆树、三角枫、对节白蜡等树木

萌发后会有很多芽点，在大芽3～5cm时，在理想部位选留四五个芽头（黑松可不疏芽），让其自然生长，在芽条长至60cm左右时，对所留枝条再做取舍，只留两三枝，对其基部蟠扎定位，枝顶扬起再放长，千万不要急于修剪（图4-9）。这期间看似养枝，实则育根。一个生长季后，将附石的根部扒出检查，松弛的地方加筋固定，后生的小根若需要可再调整固定，再行打围养桩。

放养1～2年后，根部若已基本达到理想的粗度和附着效果后，从上而下逐步降低围栏，露出根条，拆围宜由上而下分段进行，不可心急。在养根的同时也要对上部的枝冠着力打造，逐级蓄养枝条，丰富树冠。如图4-10、4-11所示，成熟的作品是根石一体，冠丰韵绝。

图4-10 火棘附石
规格：石高 78cm
作者：香港 梅宝鸿

咬定青山
用材：五针松、火山石
收藏：宁波绿野山庄

榆附石
用材：榆树、英德石
作者：香港 伍宜孙

移云
用材：榔榆、石灰石
作者：浙江义乌 楼学文

图 4-11-1 不同类型的根附石盆景（1）

榆附石
用材：榆树、英德石
作者：香港 伍宜孙

榆附石
用材：榆树、英德石
作者：香港 伍宜孙

榆附石
用材：榆树、英德石
作者：香港 伍宜孙

负重凌虚
用材：榆树、英德石
作者：广东广州 陆学明

图 4-11-2 不同类型的根附石盆景（2）

2. 干附石

干附石是以树身附石，苍劲斑驳的身躯牢牢附生于石壁上，显得超然特别与另类，更贴近自然。干附石与根附石在选石、用盆等方面大致相同。树种选择上，干附石须选用生长速度快的树种（朴树、榆树、三角枫、三角梅等），因生长过程中不断受到石头锋角的挫伤使皮层加速增生，形成身段紧贴着石面向两边增生，长成了薄且宽的身段并与石面紧密相连，从而形成了一个很有特色的树石景观。

"干附石"培养重点是树身，难点是"附"和"趣"，要使二者真正的交合一体，并且要有情趣，不能貌合神离。具体表现是树的根部生长在石头下的盆之中，树干紧密地依附在石头的缝隙之中（可工开凿），树冠则在石头适当的部位飘出。其制作难度很大，所需的时间亦很长。

有些干附石，开始时不一定就直接用树干，只要有一个好的根脚与石吻合就可以了。树干部分可后天培养，因此说这类盆景的培养时间很长（图4-12至图4-15）。

图4-12 一件具有自然神韵的干附石作品，后天的完善很重要，但前期的选材和立意更重要。和谐吻合的根基是作品成功的保障

图4-13 紫霞梦锁木石盟
用材：三角梅、石灰石
作者：香港 吴成发

制作实例：

　　"共峥嵘"是韩学年先生创作的相思附石盆景，现根据其创作过程看看一件作品的完成所耗费的时间和精力。

　　1996年年底，他觅到较理想的石料和树苗。石头为英德石，石身挺拔，沟壑鲜明，可贵之处是头部的变化使石头重心偏向一侧并带有动感；树苗也是按意而寻，树干基部一侧平展的根脚是选择所在。

　　根据立意在选好石正面和定好需计划附树的走向位置，用电界刀在石面开界出一条与所用树口径相等宽度，深度半深的沟槽。

　　把石立起后用水泥固定于长方切角釉盆的左侧1/3处，待水泥干固后即可植树，植树时把树径植藏于开界好的石槽中，露出树的半径，用铁丝固定紧。

　　经约1年养植，身段已长粗与石槽贴合，把铁丝拆去，第一次裁截，剪去上段树干，然后继续蓄养下一级枝段。

　　植后6年，经多次的蓄枝截干，枝托走向已显，身段长粗，根段隆起，皮层嶙峋，作品已成雏形。期间间断性地对树皮进行挫伤处理，促使树径增粗并显示出苍劲感觉。

　　再历3年蓄枝修剪，到2006年作品基本成熟，此附石作品前后用了9年多时间培育。

　　树石盆景作品也是需要时间积淀的，业内叫年功。时到今日，该作树石相依，患难与共二十载，作品呈现出来的厚重和深意值得我们回味（图4-14-1、4-14-2）。

图4-14-1

　　1.1996年12月将相思（朴树）植入已开凿好的石槽中，用铁丝固定时加衬垫保护。基部用碎瓦覆盖，防止根基土壤流失

　　2.1997年3月底（植后3个月），树干已增粗不少。

　　3.1998年第一次蓄剪

　　4.2003年雏形已显

　　5.培育期间对表皮不间断挫伤，形成斑驳岁月感

　　6.2006年作品已然成熟

图 4-14-2 共峥嵘
用材：相思、英德石
作者：广东顺德　韩学年
　　2015 年树照。作品表现出的相思已
不是依附石头而生，而是有背负石而行之
感，其耸峭凛冽之气更富韵味

朴树附石
用材：朴树、英德石
作者：香港　黄基棉

朴树附石
用材：朴树、英德石
作者：香港　黄基棉

天柱天龙
用材：朴树
作者：福建泉州　王伟鹏

附石榆
用材：榆树、英德石
作者：香港　伍宜孙

图 4-15 不同类型的干附石盆景

■ 丛林盆景

丛林盆景是树木盆景的一种形式，指三干或三干以上的多干盆景，包括一本多干和合栽两种情况。这里探讨的"丛林"系指树与树的合栽关系及其效果，不包括一本多干丛林、连根丛林和连干横卧丛林。为什么要谈合栽组合？因为树石盆景创作的很多形式都离不开树木的组合，组合虽无常形，但有常理，合理多趣的布局形式利于画意的营造。

贺淦荪先生在《论丛林盆景》中说"丛林盆景的布局造型，一要顺乎自然之理，二要合乎造型之法，三要表达作者之意，三者缺一不可。不合自然之理，则丧失自然神韵，矫揉造作，使景物流于荒诞；不达主题之意，使作品流于形式，死板空洞；不遵造型之法，使作品杂乱无章、低俗平庸，达不到创造艺术美和意境美的高度"。

丛林盆景的选材

丛林盆景通常以同种树的组合最为常见，因为它们的生物性状接近，包括叶片的大小、颜色及发芽的时间及枝态、生活习性等，这样整体的效果更容易把握和体现。有时也可两个以上的树种。不同树种的合栽，须以其中一个树种为主，其他树种为辅，不可平均处理，同时要尽量注意格调的统一。

丛林盆景所用的树木材料多为自幼培育，也可从山野采掘，但都需经过一定时间的培植与加工，使其主干与主枝初步成型，并符合以下几点要求。

1. 合乎自然

必须完全以自然树木景象为依据，再作必要的取舍。在整姿技法上，一般以修剪为主，蟠扎为辅。任何明显的人工味，或是过度的变形，均不适宜。

2. 具有大树形态

树形不宜太奇特，通常多为直干、斜干和临水式。悬崖、曲干（指树干弯曲程度大的）等树形均不适宜。

3. 根系成熟

最好是经过一定时间浅盆培养后的树木，既有成熟的根系，又无向下生的粗根。主树露出土面的根系向四面铺开，其余树木最好也有露出土面的根系。

4. 协调与变化

同一盆中的树木务必要有主次、高低、粗细之分。其中需有一株最高，同时也是最粗的主树。

丛林式选树要注意风格的协调，每株树的个性不宜太明显，一件作品中的树木需以同一种树形为主，但协调中还要求变化。如以直干树木为主作成丛林式，不妨在其中夹杂一两株斜干树或干形稍有弯曲的树，可以增添自然情趣。

丛林盆景用盆

一般情况下，丛林盆景要显示出丛林野趣、旷野风光，故不宜选用深盆大皿。如若盆深，树就显得小，所显示的空间也相对狭小；盆浅，则树显高大，空间相对变得大，给人的视觉效果更为深远；而且利用浅盆栽种，还可在堆起的土坡上配石，使地基高低起伏，画面更为生动活泼。

常用的有紫砂盆、釉陶盆、大理石盆、云盆、自然石板等。

图 4-16 疏林拾趣
用材：榔榆、云盆
作者：上海 范松元

丛林盆景的一般表现形式

1. 单丛林

以"三树组合"为基础，也可以5棵、7棵或更多树木聚集于一组的表现形式（图4-16）。

2. 双丛林

即将丛林布置两组，呈主宾顾盼之势；也可分为远景和近景两组，作远近之分，多顺势而设，主从相向（图4-17、4-18）。

3. 三丛林

在主宾式基础上，中心处加设远丛林，使主宾双方气韵相通，形成一气，有开有合，故称开合式。这种形式三景（近、中、远）分明、生态相通、场景开阔、气势壮观（图4-19）。

4. 综合丛林

多式组合，三远并用。这种形式用材繁多易乱，一定注意节奏和透视法，对于空间的景深表现突出（图4-20）。

图 4-17 英杉林
用材：英杉
作者：香港 伍宜孙

图 4-18 潮韵
用材：大阪松、龟纹石
作者：浙江温州 应日朋

图 4-19 秋林秀色
用材：鸡爪槭、英德石
作者：江苏扬州 赵庆泉

图 4-20 悦目秋情景气新
用材：老鸭柿、龟纹石
作者：浙江金华　赵谷云

丛林盆景的布局

丛林盆景布局的关键是处理树与树的关系——整体与部分之间、部分与部分之间、此树与彼树之间的关系。布局遵循的美学原理依旧是"变化与统一"这一法则，空间上要符合"近大远小"的透视法则（图4-21），使众多树木组合的形态，符合构图上"均衡"法则及一切形式结构美的法则——"整体与部分、主与宾、争与让、顾与盼、藏与露、虚与实、聚与散、重与轻、动与静、平与奇等"都是我们全面处理树与树关系的关键所在。

1. 三树组合法

单丛林是丛林盆景最简单的形式，通常以三棵树组合为基础，弄清它们之间的相互关系，由近及远、由表及里、由浅至深、循序渐进，则多棵树组合、多种树的组合就容易多了。现就三树的作用、效果及位置安排以图示形式加以解析。

①主树——为丛树之首，居主帅之位。选择在粗度、高度及神态占有绝对气势者为主树，一般布于盆长1／3处，盆面横中心线1／2偏后（或偏前）处，主树高度也是确定从树高低的依据。

②副主树——（或称副树、次主树），其形态与树势皆近似于主树而稍逊于主树，布局时一般与主树相随相

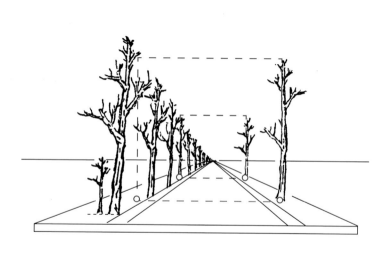

图4-21 "近大远小"——透视法在盆面上的运用

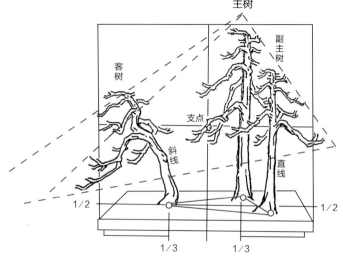

图4-22 "三树组合法"（正向），盆面不等边三角形呈"品"字状

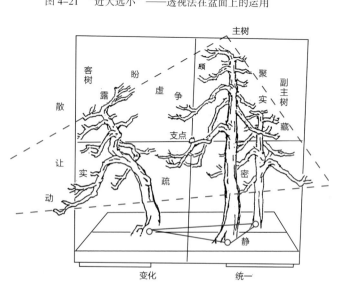

图4-23 "三树组合法"（反向），盆面不等边三角形呈"心"字状

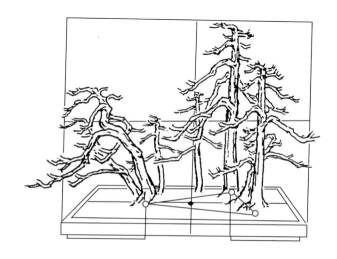

图4-24 多树组织法（5~7棵）

中国树石盆景
ZHONGGUO SHU SHI PENJING

图4-25 多树丛组织法

靠，构成统一势态，目的是壮大主树阵容，它在主树与客树矛盾中，是对主树的坚定支持者、拥护者，起举足轻重作用，决不能随意保持中立或站在客树一边与主树抗衡，造成重心变位、喧宾夺主之势。

③客树——（或称宾树），其形态与主树相比，可以突出变化与动感，一般多采用斜曲的树干类型，与主树形成"直"与"斜"、"静"与"动"的对比关系。客树、副主树、衬补树对于主树而言都属从树，有突出主树之责。但客树对主树而言，具有相对的独立性，它与主树的位置保持相对距离，形成一定空间，只有如此，方能打破平列局面。主客空间的构成促使画面产生轻重、虚实、动静、疏密、聚散、藏露、争让、顾盼、变化统一、丰富多彩的艺

术效果。客树一般位于盆面另一1／3左右处，这样三树位置，形成二树聚、一树散，无论画面树冠，还是盆面位置均形成不等边三角形的构图格局，既变化又统一。画面展现二树聚而重，一树散而轻，打破平衡形态，然二树静而轻，一树动而重，又使画面回复到不等形而等量的均衡状态，使构图完美。

若主树正面完好，在布局时也可以将主树放于前面，副主树居后。这样副主树与客树的彼此高度，也要依随主树高度产生变化。图4-20中，副主树高为主树3／4，客树为主树2／3。图4-21中，副主树高为主树2／3，则客树高为主树3／4。以上数字仅供参考，在实践中要形随意定，因材制宜（图4-22、4-23）。

2. 多树组合法

在丛林盆景中，最基础的三棵树组

合表现的是疏林景致，大多时候以多树组合的密林为主，通常10棵以内，5、7、9株奇数为宜（图4-24）；10棵以上，则不计较单双数（图4-25）。

"衬树"——（又称丛树）是三树组合基础上增加的树，它为充实内容、烘托气氛、扩大空间，起着决定性作用，它们的高低、粗细及走势要配合三树，符合景致需要。大型丛林盆景的衬树，则分别靠近主树、副主树、客树的周边，相应成组，形成主树丛、副主树丛和客树丛以及远树丛（图4-26、4-27）。搭配时要注意相互高低错落和整体美感。深景域的丛林盆景，"衬树"因所在位置不同，表现也不同，同样一棵树放在近处体现的是小树，放在远处表现则是大树，这点当按透视原理进行布局，严防大小、远近失调。

图 4-26 多树丛组织法
景名：耕闲图
用材：榔榆
规格：盆长 130cm
作者：广东顺德　韩学年

　　丛林盆景可贵者"野趣"。该作品不落俗套，采用以根代干（树木是由修剪下来的榆根培养而成）组合造林，狂野中不失章法，多变而归于自然。作品中摆件的设置也恰到好处，既丰富主题，又完善了画面的虚实关系，可为点睛之笔

中国树石盆景
ZHONGGUO SHU SHI PENJING

图 4-27 多树丛组织法
景名：山林牧趣
树种：朴树
树高：150cm
用盆：长方形大理石盆
作者：香港　吴成发

　　这件丛林式作品以 2 株多干连根的朴树组合而成，右侧为主，左侧为副。树木的粗细、高低和疏密均富有变化。中间置一牧童骑牛的摆件，增添了山林生活的情趣

水旱盆景

水旱盆景是将两种不同的素材——树木与石头，经过穿插、拼合、组织于一盆中，相依造景，树石交融，而表现出的水域与陆地结合，更加贴近自然，富于天趣野趣，饱含诗情画意的一种"大景域"盆景表现形式。

水旱盆景制作需掌握树木盆景和山水盆景两方面的加工技艺。首先是丛林的组合变化要不乏野趣，其次是石头的布设要巧妙，它既可以连接树林具生境美感，又可构画出空间的层次，扩大景深。因构成的造型元素很多，所以制作时要认真处理树与树、树木与山石、山石与山石、陆地与水域的关系，树木栽植要把握主宾、疏密、顾盼、争让、开合，石与石之间更要注意色泽、纹理、脉络的相近、相似和相通，处理坡脚时要注意造型上的曲折变化和用石的浑然一体。

水旱盆景创作的关键是情境的营造，塑造一个自然而富于情趣的生境是作品成功的关键。现以"高天流云"的创作组合为例谈谈水旱盆景的制作流程。

"高天流云"是我在2014年冬改作的一盆水旱盆景，属于水畔式布局。

材料的选择与加工

1. 树材的选择

水旱盆景所用的树木材料，均需在培养盆中单独培养一定的时间，达到初步成型，方可应用。水旱盆景制作组合时，还需根据总体构思，对素材作进一步的加工处理。

作品选用的主材为5棵五针松（图4-28），它们鳞甲贯顶，已有20年左右盆龄，算是老树。枝片丰茂，但造型平板机械，孤赏无意，只有拼合为林，将个体间的缺欠性相加变成群体的完整性，方有景可言。

组合前先对其一一审材，首先要从不同方向审视其总体形状以及根、干、枝各个局部的结构，看清根部的结构和走向，然后确定树木的正面及其"向背"走势，后进行枝条的梳理修剪，去掉老针，疏掉过密的枝条，同时对根部也要作处理，去掉部分土壤，过长的根系及老根剪除。

2. 石料的选择与加工

水旱盆景水陆相连，用于连接构景的石料的选择非常重要，它必须与要塑造的境域相适合，与合作的树木相协调。在同一盆水旱盆景中，一般采用同一种石料，并力求达到在形状、质地、皴纹、色泽等方面均协调统一，并且形态、质地和色泽都合乎立意。英德石色青纹细，形体自然多变，对于表现中远景致理想，与松的格调也吻合，故选之。

选石在协调的基础上还应有一定的变化，如块面可有大有小，皴纹应有疏有密，形状宜有圆有方、有厚有薄。不同的形体结构有利于营造有变化的驳岸。

石料在布局时，必须经过一定的加工。石料的加工方法主要有切截法、雕凿法、打磨法、拼接法等，雕琢主要针对软石，硬石一般不需要雕琢，通常采用切割机切截的办法取其需要部位（图4-29）。有时可将一块大石料分成数块使用，同一石料分割，在纹理、色彩上更容易统一。用作坡岸和水中的点石要切平，使之与盆面结合平整、自然。用作旱地的点石通常不一定需要切截，但如果体量太大，也可切除不需要的部分。

有时一块石头的体量和层次变化不够，则需要拼接另外的石头以增加其分量和求得到理想的形态，这在水旱盆景布石中经常使用。组合、拼接石头最重要的是具有整体感，首先必须精心选择色泽相同、皴纹相近的石料，然后认真确定接合的部位切割，不仅要使相接处吻合，更要使气势连贯，最后再用水泥细心地进行胶合为一体。

3. 盆的选择

五针松树形瘦弱，冠幅小巧，适合单丛林布局，故选取了100cm×60cm的一个大理石浅盆。浅盆利于突出盆中的景物，特别是表现坡岸之美，使作品更富有画意。

图4-28 用于合栽前的5棵五针松。单棵栽植单调而缺少变化

图4-29 石料切割

试作布局

在树木修剪完毕后，可将全部材料，包括树木、石头（部分石头可以边布局，边锯截，边拼接，这样完成的作品会更合体）、摆件及盆等，都放在一起，反复地审视，然后将材料试放进盆中，看看各部分的位置和比例关系，我的常规办法是用相机或手机拍下，放到电脑上从宏观角度研究各部分关系，这比现场的视觉感受更容易发现问题。

试作布局时，要先放主树、然后放配树，再放石头布置坡岸、点缀摆件等。布局必须十分认真，常常要经过反复调整，对其中的某些材料，可能要作一些加工，以至更换，才能达到理想的效果。

1. 树木的布局

按照总体构思，在盆中先确定树木的位置。在布置树木时，也须考虑到山石与水面的位置。树木位置大体确定时，可先放进一些土加以固定，然后再放置石头，树石的放置也可穿插进行。

水旱盆景布局形式有很多种，创作中要依材而定，方有针对性烘托主题。5棵树的排布以聚为好，分则空旷单薄无深度，故在形式上采用水畔式。拼林时先立主树，根据其势及其他树的大小、高低、粗细、奇正等关系安排宾树、从树，并处理好树与树之间的远近、虚实、聚散等邻里关系。5棵树分主、客两空间，主体为三，客体为二。主体密而挺拔，客体疏而舒展。因松树孤高，拼合后林显悠远（图4-30），有气冲霄汉之势。松的苍翠挺拔令我想到陈毅元帅的诗句"要知松高洁，待到雪化时"，如何体现松林的高洁悠远是我要创作的重心。

2. 石头的布局

配置石头时，先作坡岸，以分开水面与旱地，然后作旱地点石，最后再作水面点石。

水畔式布局对于石岸的营造要求相对高，既要突出水岸线的迂回，还要有景深和丰富的内容。这不仅需要石头布局上要有章法，相互间更要协调统一，方能达到好的景效。一般在水旱盆景中近石为石，远石为山，水中的点石为渚，这种空间的安排对于景深的延展和水陆的衔接具有生境的真实意义和自然属性，使观者很自然地进入画境，驻足观赏。

石头的布设不仅要有主次、大小、远近、高低之别，还需注意透视处理，更主要的是气脉的贯通和及韵律的变化，这种变化不是独立而成的，是与地形、树林交织在一起而变的。

图4-30 松树布置时，栽植点之间的连线要尽量成一个或多个不等边三角形；3株以上的树尽量不要栽在一条直线上，特别是不可与盆边（指方盆）平行而立；栽植点之间的距离不可相等，要疏密有致，呈现出一种节奏和韵律；整体树冠最好呈一个或多个不等边三角形但轮廓线不要太平直，应有波浪形起伏

水里的点石和陆地部分的点石也非常重要，它不仅是艺术处理的需要，更是画面生境美的体现，三位一体，方显自然生动。旱地点石有时还可以弥补某些树木的根部缺陷，要做到与坡岸相呼应，与树木相衬托，与土面结合自然；水面点石可使得水面增加变化，要注意大小相间，聚散得当（图4-31至图4-34）。

图 4-31 确定主石。选一宽阔的平台放于斜干松树的下方，增加其稳定感。石头上实下虚承接水陆的过渡自然灵动

图 4-32 安排陆地点石。丰富地形变化和分割松树间的空间关系

图 4-33 近景水岸的连接。要考虑到驳岸的起伏及水岸线的迂回曲折

图 4-34 远景及礁石的点缀。远处的石头要圆润起伏，寓意远山

图 4-35 将松树移掉后的驳岸。清理前将水岸线及各石头衔接位置做好标注

图 4-36 水岸线两侧的泥土污迹清理干净准备石头的胶合固定

图 4-37 石头底部涂抹水泥要均匀饱满，防止将来水分渗透

图 4-38 石头的胶合由主石开始，向两侧拓展

图 4-39 黏接后用油画笔将外露的水泥清洁干净

图 4-40 胶合好后的驳岸正面

图 4-41 驳岸的背面。用水泥将石头之间的的缝隙密实

图 4-42 驳岸俯视图。可看出石头有轻重急缓，水岸迂回曲折

3. 胶合石头

在布局确定以后，接着可胶合石头，即用水泥将作坡岸的石块及水中的点石固定在盆中。

胶合之前，先用红铅笔将石头的位置在盆面上作记号，注意将水岸线的位置，尽量精确地画在盆面上，有些石块还可以编上号码，以免在胶合石头时搞错，石头连接关键点也要做标注。然后将树木及土去掉，清洗盆面并揩干（图4-35、4-36）。

水泥宜选凝固速度较快、标号高的一种，用801外墙胶水调和，宜现调现用。在用量较大时，不妨分几次调和。有时为使水泥与石头协调，可在水泥中放进水溶性颜料，将水泥的颜色调配成与石头接近。英德石与水泥颜色接近，所以不用外加颜料。

胶合从主石开始，先将其底部满抹水泥，胶合在盆中原先定好的位置上，然后两侧依次推进。胶合石头需紧密，不仅要将石头与盆面结合好，还要将石头之间结合好，做到既不漏水，又无多余的水泥外露。可用油画笔或小刷子蘸水刷净粘在石头外面的水泥。为了防止水面与旱地之间漏水，在作坡岸的石头全部胶合好以后，再仔细地检查一遍，如发现漏洞，应立即补上，以免水漏进旱地，影响植物的生长，同时也影响水面的观赏效果。

水域的点石也随之胶合，若石头太小，可直接用504胶水固定（图4-37至图4-42）。

4.塑造地形

水旱盆景中，地形处理对于整体的造型起到重要的作用。

在石头胶合完毕（最好是水泥凝固好后），便可将树木恢复栽植，并在旱地部分继续填土，使坡岸石与土面浑然一体，并通过堆土和点石做出有起有伏的地形。点石下部不可悬出土面，应埋在土中，做到"有根"（图4-43至图4-45）。

5.点缀布苔

适当添加一些蒲草或小植物对于野趣的烘托和画面的丰富会更具有意义。青苔的铺种需自然交错，小缝对接到位，切忌不可上下重叠（图4-46）。

图4-43 树木恢复并栽种。根据布局时顺序，先主后客，先主后从

图4-44 添置从树

图4-45 恢复陆地部分点石

图4-46 高天流云　作者：张志刚　收藏：宁波绿野山庄
完成后的效果。最后的工序是点缀麦冬，铺种青苔，增添野趣

景盆及组合

"景盆"是指将多块零散的石头经过艺术加工，拼接组合而成的有观赏价值的"盆器"，即"盆就是景，景包含盆"之意。景盆是以丰富多采自然景象为造盆依据，在造景的同时兼顾造盆，一景一式，没有雷同。

景盆造型布石的重要原则是："以树为先，造景为旨"，通常"选树为先，依树布石，造景为盆，树石相依"，即先选树，后选石，选择石料要考虑形态、质地、皱褶、色彩是否与树木协调，能否表现主题的构思，体现作品的意境。所选择的石料要求石质相同、石色相似、石纹相近，在造型时做到脉理相通。

景盆制作的要害在于做好石与石之间的拼接和胶合，力求克服石与石之间的"平列"和"堆砌"，尽量做到自然一体，宛若天成。这其中的组合离不开"对立统一"的美学法则的运用。

"景盆"在营造时，不光外形要自然美观，不现人工痕迹，在组石为盆时，还要顾及盆的使用功能，首先能容纳构想中树木的根球土量，另外在隐蔽部位设置排水孔，也利于透气。

现以"海风吹拂五千年"为例解析景盆的制作程序和组合方法。

布局

依据创意，先将选好的两棵对节白蜡脱盆，去掉周边浮土和多余的根须，压低土球厚度，并用塑料袋包扎土球。

在玻璃板或大理石盆上铺上塑料布或牛皮纸。

将树木按主宾位置分别置其上，在树木底部适当垫高2cm（将来水泥盆底的厚度），然后按意绕树布置石料。

主石与树木应错位遮掩，左右分别依据脉理纹络布置低矮的石料，石与石的拼接力求错位，避免平列成直线或"X"形。三石组合要大小相间、高低错落，呈"品"字形布局，前后有序。

大小坡脚延伸需自然多变，忌平板，切勿围成堤形和做成盆形。景盆的大小要根据树木土球及表现内容的需要而定（图4-47）。

石料处理

当石料与树木布置完成后，用切割机锯平石底，石底上内侧可加刻刀痕，以利石与水泥结合牢固。石与石的衔接部位必要时裁截掉部分，使二者更好地吻合。不要急于胶合，需要前前后后反复观察，远观其势，近看细节，最理想的是能达到"四面景观"，这是组合多变的基础。

图4-47 "以石绕树为盆"的布景顺序，力求多面造型，面面有景为原则：

1. 主石A置于树的背势前侧，呈半遮掩树干之状，展现树依石生，增强层次效果；

2. 在主石左右分别依次纹质、脉理布以较A石低矮之石B和C、D，B略高于C、D。C、D二石依其脉理略加起伏，沿坡而下呈现坡脚状伸向向势；

3. 沿坡脚后转选用平台之石E，为全景最低处，可置以亭阁纳凉或置以人物远眺，使整个山势背势高而崇峻、向势低阔而舒展；

4. 沿平台后转，配以石F，作为远山；

5. 由F石绕至B石相连一段为G段，系全局收势

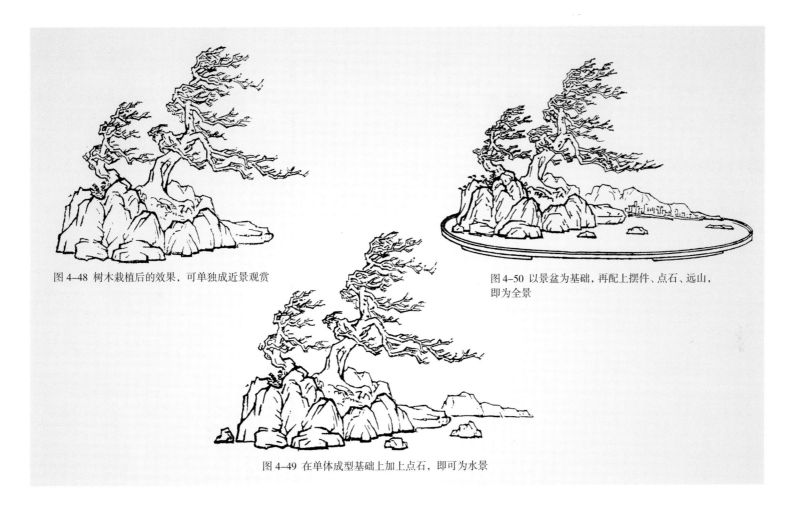

图 4-48 树木栽植后的效果，可单独成近景观赏

图 4-49 在单体成型基础上加上点石，即可为水景

图 4-50 以景盆为基础，再配上摆件、点石、远山，即为全景

胶合与护养

将定局之石逐一洗刷干净晾干，在石与石交接的关键处分别做好记号，将树取出。用801胶水调和水泥沙浆来拼接和胶合。

较大的景盆要用钢丝网埋置于水泥底部中加固，使之连接为一个整体，钢丝网根据盆底内侧的形状略小裁截，应全部埋于水泥中以免锈蚀。

胶合自景盆里部进行，即先浇盆底，厚度要超过"水浅盆"盛水之高度，以免外水倒灌。然后从主石开始向两侧依次胶结。注意在山石交接隐蔽处留出3~4个排水孔，以利于树木植物的

生长。景盆内部不宜留有缝隙凹陷，避免树根穿入造成换土困难。

水泥未干之前，要将水泥在石面上污染的痕迹用油画笔清理干净。景盆胶合后用湿毛巾全部搭盖一周左右，每天喷水数次保潮，以利水泥沙浆的干后坚固。

景盆胶合以看不到水泥的痕迹为上乘，石与石交接处不可避免地有水泥显露，在水泥未干之际，用水泥调稍深于原石的颜色进行表面处理，必要时刻画石纹，达到以假乱真，如石色与水泥色不一致，可调丙烯颜料补救，以求浑然一体。

组合

待景盆干透达到强度后，将假植的树木入盆栽植，盆底垫些粗粒土，上部采用中粒营养土，可适当加些长效肥。盆面铺上苔藓，点缀植物，放入荫棚内细心养护，一周后转入正常管理。

以上完成的景盆仅是作品的一个单元，大多时候还需要添加很多元素方能完善作品。"海风吹拂五千年"是1997年为庆祝香港回归祖国而作。作者将左前方树石主体以岛的形式体现，并在水中添加礁石，以示为海；远山设置高楼大厦群，以表现香港维多利亚港的形貌，使人很容易联想到主题（图4-48至图4-50）。

景盆在制作时要需要注意以下几点：

一是顾及到盆的整体牢固须置钢模网作底，由于水泥厚度增加了树木土球的高度，无形中也增加了外围石头高度，使景盆的高宽比发生变化，在组合时往往会使这部分地貌显得突兀，所以建议景盆配树尽量不要孤植，至少2棵以上，这样景域就会拉宽，景观比例上也会趋于合理。

二是景盆在形式上采用石头合围的方法，如果直接置于水盆中如同孤岛，所以在组合时边缘还需要局部添加土壤铺苔造陆，方显自然。

三是树石比例问题，这也是很多作品容易忽视的地方。树石体量合宜，方能展现最佳效果，适度夸张也是可以的，但如果比例失调严重，则空间美的表现就会受挫。

景盆树石盆景是一种表现范围更大、更自由的形式，其表现范围很广，既可以独立成景，作为特写，也可以组合多变，构成多种自然景观（如图4-51作为单体观赏、图4-52则是组合后的景观效果）；既能刻画出溪涧、江河、湖海、岛屿，亦能表现崇山峻岭、悬崖峭壁、山麓丘陵，表现复杂多变的、丰富多采的大自然景观（从图4-53-1、4-53-2中可见一斑）。

图4-51 景盆植树后可单独陈列观赏

可分可合，创意无限

图4-52 回归
用材：黄杨、龟纹石
规格：盆长 150cm
作者：湖北荆门 郑绪芒

水路弯弯
用材：黄杨、对节白蜡、幽兰石
作者：湖北咸宁　冯连生

风景这边独好
用材：六月雪、龟纹石
作者：湖北荆门　郑绪芒

图 4-53-1 更大景域的景盆及其组合（1）

醉了·峡江
用材：榆、三角枫、孝感石英石等
作者：湖北武汉　唐吉青

听取蛙声一片
用材：榔榆、英德石
作者：湖北武汉　唐吉青

图 4-53-2 更大景域的景盆及其组合（2）

树石盆景

的养护管理

俗话讲"三分做，七分养"。树石盆景的做是暂时的，养是长期的。如果没有科学、系统、用心地管理和塑造，再有基础的素材也难成精品；即使是精品佳作，若疏于管理和养护，树木短时间就会凋零变味。相反，普通的素材只要肯花时间为它付出，它就会按照你的意念生长，只要用心塑造，赋予情趣，总有一天也会光芒四射，成为佳作。

树石盆景的主体是树木，其养护与一般的树木盆景基本相同，同样需要浇水、施肥、修剪、蟠扎、换土、病虫防治等管理措施，才能保证其正常生长发育，提升其观赏价值。

▌放置场地

植物的生长离不开阳光雨露，故树石盆景宜放于通风良好、光照充足的场所。由于水旱盆景土层浅，附石盆景的石头吸热快、温度高，故在夏季要特别防止暴晒，应加适当遮阴防护设备；长江以北地区，冬季需移到室内阳光充足的地方，不可受冻，以免影响生长。

陈列的台架通常由石材、木材或水泥预制而成。水旱盆景的石盆不宜直接放于石头台架或水泥架上，中间最好放两条枕木，既可隔热，也利于观赏效果的提升。有条件的最好置于木制的台架，轻巧大方，也有助于主体的烘托（图5-1）。

在植物生长季节，也应注意不要连续多日放在室内、树阴下、长廊中观赏，特别是一些喜阳的树种，如榆树、六月雪、朴树等在室内一周就开始黄叶、脱落。室外摆放密度大或靠近墙边的盆景，要注意经常转盆或移位，以使各部位的植物受光通风，生长均衡。

不同树木的生活习性也不同，在日常管理过程中，不能违反它们的生物学特性随便放置，以免造成伤害。如紫薇、金弹子、老鸭柿、六月雪等花果类则不能长期置于阴处，影响花果发育；而杜鹃、黄杨等耐阴的树木，在夏季高温强光下，必须采取遮阴措施，否则都会生长不良。

图5-1 陈列于扬州瘦西湖盆景博物馆的水旱盆景

图5-2 不宜用水管直接冲淋，最好是加喷头呈雾状喷洒

浇水

浇水是盆景养护的一项主要日常管理工作。部分树石盆景用土浅薄，或将树木直接栽于石洞中，夏季及大风天气，盆土很容易干燥，如不及时补水短时间就会造成树木缺水萎蔫或死亡。因此，科学、合理、细心地浇水是盆景健康美观的前提保障。

浇水的目的，一方面是满足植物生长对水分的需要，另一方面通过浇水，更新土壤空隙中的空气，利于植物根部呼吸。但若浇水过多，盆土长期过湿，植物根系长期处于无氧状态，也易引起烂根等病害，造成生长不良甚至死亡。因此，在连绵的雨季，也要注意排水，可将盆一侧垫高倾斜。

浇水要讲究科学，其原则是"见干见湿"，即不干不浇，浇则浇透（水自盆底排水孔流出，不可浇"半截水"），其"干"并非干燥，而是保持盆土仍有一定的湿润度，土壤含水量在20%以上。那么该如何判断呢？主要是注意观察，若叶片光泽度减弱，嫩枝下垂，说明植物已有一定程度的脱水；盆土表面呈白灰色，说明土已干，必须浇水了（图5-2）。

浇水多少还要根据树种的习性来决定，喜干的和喜湿的树种要区别对待。例如有"干松湿柏"之说，意思松树喜欢干燥，柏树喜欢湿润。但并不是所有的松树都喜欢干燥，黑松就喜欢湿润，只有五针松平时要注意控水。

生长季节不同，植物的需水量也不同，一般在夏季高温季节要早晚各浇1次透水，石头上栽树或盆浅的中午还需补水1次；春、秋季可每天或隔天浇1次水；冬季树木处于休眠期，则可数日浇1次水。雨天可不浇水，但如果是阵雨，切不可大意，由于树冠的阻隔，雨水落入根部土壤中的很少，天晴后植物很容易缺水，应正常浇水。

树石盆景表面多有青苔覆盖，在浇水时，不宜大水直浇，容易冲掉盆土或苔藓。宜在水管上加细眼喷头呈雾状喷洒。平时也可以用喷雾器在盆面及树木、石头上喷雾，以保持青苔生长良好。

另外，水分过多，会造成树木枝条徒长。成型后的树石盆景既要保健，也要保型，故而有意识的、有目的地控水，可使叶片逐渐变小，枝节变得苍老，对维护树态造型会起一定作用；培养期的附石盆景则可采用大水大肥的办法，促使其快速成长。

▉ 施肥

施肥是树石盆景养护的重要环节，是树木茁壮生长的有效手段。树石盆景用土量较少，养分有限，植物在生长过程中需要的营养，很多需要追肥补充。施肥也要注意科学合理性，若施肥过量或用肥不当，均可使植株烧死，造成肥害；肥料过足，引起植株徒长，又不利于造型的维护。

植物生长所需的养分主要有氮（N）、磷（P）、钾（K）三元素，氮肥可促进枝叶生长，观叶植物及培养期的树木要多用氮肥，促其生长；磷肥可促进花果发育，紫薇、石榴、老鸭柿、火棘等花果类树木在生长季节增施磷肥，有助于花繁果硕；钾肥可促进植物茎干和根部发育。

树石盆景用土量少，土壤的理化性能弱，用肥多以有机肥为好，可采用充分发酵的饼肥水，兑水稀释后浇施，也可到市场购买加工好的"玉肥"（豆饼、骨粉等腐熟晾干压制而成）根据土面大小拿数个置于土面淋施（图5-3）。施肥要适量，并注意肥料种类和养分的类型（氮、磷、钾的比例含量有差异）。

施肥还要结合树种特性、生长情况和季节而定。例如，生长弱的可不施肥或少量稀肥；长势强的可大水大肥。刚栽植的桩材在成活期可不施肥；桩坯的蓄养期和旺盛期可多施肥；成型的盆景要少施肥，满足植物所需即可。春、秋两季勤施肥；夏、冬两季可以少施肥或不施肥。

树石盆景施肥特别要注意以下几点：

① 有机肥可作为基肥使用，但必须经充分腐熟后才能使用，否则在盆土中发酵易烧根。

② 施肥的原则是"薄肥勤施"。培养期的树石盆景生长季节每半月追施1次液肥，肥水比例一般为1：10，不宜过浓；成型保健的盆景用肥次数不宜过多，生长期3~5次即可。

③ 盆土干燥时施肥效果好，第二天上午一定要浇水。

④ 雨天不宜施肥，雨前几小时施肥较好。

⑤ 使用液肥时，避免洒在树木枝叶上。

⑥ 梅雨季节、高温季节及冬季休眠期一般不宜施肥。

图5-3 玉肥置于肥料盒插入盆面即可，浇水时营养物质会随水渗透到土中

修剪与整形

盆景修剪整形有助于控制形态，矮化树形，完善造型，从而提高观赏价值；另一方面可限制植物局部生长，调节长势，弥补造型不足。主要包括摘心、摘芽、摘叶、剪枝。

修整是一个长期过程，贯穿盆景的整个生命周期，不同的树种、不同的阶段、不同的季节运用的修剪方法也各异。

摘芽

又称抹芽。树木在其干基、树干或枝端上会生长出很多不定芽，应随时摘芽，以免萌生叉枝，影响树形和枝形美观。榔榆、六月雪、三角枫、红枫、对节白蜡等树种易发不定芽，在春夏季萌发时要注意摘除。五针松、黑松等树种一般在每年4月新芽萌发时，对其强芽摘除1/2~2/3，几个集生芽适当疏剪剥除，除中间强壮芽，留边缘一二侧芽；黑松在春、夏、秋季剪芽后，每次会从枝端针叶间萌发新芽，要及时选留两侧的芽枝，上下方及多余的去除；黄杨每年夏季会分化很多花芽，翌年开花结果，大半年的生殖生长会消耗大量养分，因此在每年的7、8月份应将其全部剔除，则会在秋季萌生叶芽（图5-4）。

根蘖芽剪除前

根蘖芽剪除后

轮生芽处理前

轮生芽处理后

五针松春芽摘除前

中心芽摘除，两侧芽保留1/2~1/3

黑松秋芽簇生

保留两侧各一芽，多余去除

图5-4 摘芽

摘心

红枫、三角枫、鸡爪槭等树木在新叶萌发后，为抑制枝条的生长拔节，促使侧枝发育平展，而摘去其枝梢嫩头（图5-5）。

摘叶

观骨的杂木树生长季节修剪时，有时为了视线清晰，看清线条变化，可采用摘叶后修剪，再发的新枝会短小些。如对节白蜡、三角枫等成熟的树木枝条密集，常用此法修剪；观叶树木的观赏期往往是新叶萌发期，如红枫、鸡爪槭等新叶为红色或黄色，可通过摘叶促发新叶，增加观赏期。

剪枝

不同的树种修剪的时间和方法也不同。

榆树、三角枫、对节白蜡、雀梅等落叶类树木一般一年四季均可修剪；五针松宜在冬春修整；黑松宜在6、7月剪芽；梅花、杜鹃等花果类一般在花后重剪。

疏剪：将不合乎造型需要的枝叶剪除，一可保证树冠内部良好的通风采光，如松、柏及杂木经常用此法控形；二可使营养集中供应所留枝条，使植株得以健康旺盛的生长，缩短成型时间。培养期的附石盆景在蓄枝过程中要经常运用此法（图5-6）。

精剪：根据造型意图，对枝条进行全面精细的修剪整形，做到"一枝见波折，两枝分短长，三枝将聚散，四枝求疏密"。两枝修剪，宜分短长，一般"上短下长，外短内长、背短向长，逆短顺长"。经过多次精剪，枝片会参差错落、遒劲有力、疏密有致、过渡自然（图5-7）。精剪一般在冬季落叶后进行，成型的落叶树木（鸡爪槭、三角枫、对节白蜡等）为了控形有时在6月中旬以后进行摘叶细剪，附石类的修剪后要注意控水、遮阴。

摘除前　　　　　　　　　　摘除后

图 5-5　三角枫的摘心

疏剪前枝片密茂不均　　　　　疏剪后通透疏朗

图 5-6　红枫的疏剪

修剪前枝条杂乱不堪　　　　修剪后枝序清晰，曲折多变

图 5-7　三角枫的精剪

换土

树石盆景栽植树木的土壤一般都不宽裕，生长2~3后，须根密布盆中或穴中，土壤板结，影响透水透气，加上营养匮乏，已不利于植物生长，这时需更换土壤。

根据树种的特性及长势确定换土时间。榔榆、对节白蜡、三角枫等树木生长强健，一般2~3年换土1次，五针松、真柏、黑松等可3~4年换土1次。换土在盆土稍干时进行，先取掉土面的点石或摆件，用竹签在边缘抠松，后轻轻摇动，将树木连土小心取出（植于石穴中的树在取出时要特别细心，因根系已胀满），剔除掉旧土的1/2，剪去枯根、腐根及部分老根，剪短过长根，然后将树木按原位复原，换上新土，布石铺苔。

新换土壤以疏松、透气的颗粒土为好，土中可适当添加腐熟的饼肥碎末作基肥。

换土时间以树木休眠期为好，一般在早春或深秋进行。如果保留原土较多，可随时换土，不受季节限制。若动土过多，则应选择恰当时期，以树木春季萌动时最佳（图5-8）。

图 5-8 "春潮澎湃"的换土过程

　　① ② 2 年未换土，根系已布满盆底

　　③ 去掉没有固定的石头

　　④ 用刀分割土块，依次去掉石头和树

　　⑤ 对每棵树的土球都要收缩，将这些过长的根系都剪除

　　⑥ 盆底垫一层营养土，先将主树还原

　　⑦ 依次将树石还原位置

　　⑧ 用营养土恢复地形，小植物点缀到位

　　⑨ 铺点青苔，浇透水

病虫害防治

盆景在养护过程中免不了受病虫的侵害，轻则引起枝枯叶落，重则导致植株死亡，前功尽弃。所以，在日常管理中应注意树木的通风透光、合理施肥，掌握"以防为主，防治结合"的原则。常见病虫害及防治有以下几种。

1. 根腐病

当发现植物的叶子由绿变黄，芽力变弱，生长变缓，接着造成局部枯枝时，应从根部找问题，很可能是根腐病所致。原因是盆内积水、施肥过度、换盆时期不当、用土不合理等原因，造成根部缺氧腐烂，致使正常的吸收功能缺失，从而造成树势衰退，进而枯死（图5-9）。

这种情况要注意控制浇水和施肥。首先检查并疏通盆底的排水孔，若季节合适应及时换土，更换排水性能好的颗粒土。翻盆后将其放置于半阴半阳处，维持盆土湿润，多喷叶面水。待树势恢复后再置于阳光充足处，给予正常的水肥管理。

水旱盆景用盆较深时，宜在盆底打孔，保持排水通畅，否则很容易造成积水使植株遭受伤害。在营造"景盆"时，也要注意排水口的设置。

2. 赤枯病

赤枯病是松树的一种重要叶部病害，主要危害马尾松、黑松、赤松等，该病主要危害2年生针叶，当年生针叶也有受害。受害叶初期出现褐色或淡黄色棕色段斑，之后面积扩大变成棕红色、或棕褐色，不仅影响观瞻，严重者可使枝片局部松针脱落枯死（图5-10）。

一般始发于5月，6~9月为发病高峰期。

此病以预防为主，发生后不易恢复。宜在冬季和早春对树木喷施石硫合剂30倍夜2次，实施强力杀菌。5~6

图5-9 植株根腐病

图5-10 黑松赤枯病

图 5-11 朴树叶背面的蚜虫

图 5-12 紫薇绒蚧

图 5-13 梅桩上的蚜虫

图 5-14 介壳虫

月份，用70%的甲基托布津可湿性粉剂1000倍液或45%代森铵可湿性粉剂200~300倍液喷洒预防。

3. 蚜虫

蚜虫是一种常见刺吸性害虫，其个体细小、柔软，虫体呈浅绿色、绿色、黄色，繁殖力强，对树木危害很大（图5-11至图5-13）。蚜虫经常成群聚集在叶片、嫩枝、花蕾上，用刺吸式口器吮吸其营养，造成叶片皱缩卷曲、植株畸形生长，严重者叶片脱落，植株死亡。主要发生在罗汉松、朴树、火棘、海棠、木瓜、黑松、紫薇、榔榆等树木上。

当发现盆景植株上有少量蚜虫时，可用小毛刷刷掉杀死。如已蔓延，则可用90%的敌百虫晶体1000倍液或10%的吡虫啉可湿性粉剂2000倍液喷洒受害植株，很易清除。

4. 介壳虫

主要危害黄杨、三角枫、紫薇、五针松、龟甲冬青、山橘、榔榆等植物。介壳虫是树木常见的害虫，种类甚多，一年发生几代，大多数种类虫体上有蜡质分泌物，常群聚于植物的枝、叶、果上，吮吸其汁液，使受害植物部分枯黄，影响植株生长，严重者可造成植物死亡（图5-14）。

如发现树木枝条或叶片上有介壳虫，可用毛刷蘸药刷除，或用细竹签剔除，严重的也可将受害枝叶剪除，并喷洒药物防治。根据介壳虫的发生情况，在若虫盛期喷药效果最佳，此时大多数若虫刚孵化不久，体表尚未分泌蜡质，介壳更未形成，此时用药容易杀死。常用80%的敌敌畏乳剂1000~1500倍液，或40%氧化乐果乳剂2000倍液，或15%

的扑虱灵可湿性粉剂1500倍液，或50%马拉硫磷乳油1500倍液进行喷洒，每周喷洒1次，连续2~3次。

5. 天牛

主要危害红枫、三角枫、鸡爪槭、梅花、椰榆、黑松等树木盆景。多在主干或主枝基部皮缝处先咬成条状裂口，把卵产在裂口下。卵经10天左右孵化为幼虫，先在皮下取食，逐渐蛀入木质部内。树干基部较多，有的蛀入地下根内，蛀成长而弯曲的虫道，并向外咬个排粪孔，易造成树木流胶，致使树势衰弱，枝叶枯黄，长势衰退，严重时甚至造成全株死亡。

每年6~7月间天牛成虫会在三角枫等树枝上啃食树皮，补充营养，此时宜经常检查，趁机捕杀，以免对树枝造成危害（图5-15）。在幼虫（图5-16）危害期，每天早上检查树体，发现有新鲜碎木屑（天牛幼虫排出的粪便）从树体或根基排出，即可断定其存在位置。清除排粪，从排粪孔往内注射50倍80%的敌敌畏乳油，用泥巴封口，可有效杀灭幼虫；在幼虫危害期，也可用细铝丝丛排粪孔顺隧道伸入钩杀幼虫。

6. 军配虫

主要危害贴梗海棠、杜鹃、火棘等花果类树木。成虫体长3.5mm左右，黑褐色，胸部及前翅面密布网状纹，两前翅合叠后，翅上黑斑构成X状（图5-17）。多集于叶背刺吸危害，受害叶片正面成黄白色，背面有分泌物及粪便形成的黄褐色的锈状斑，易使植株提早落叶，影响树木生长和花芽形成，夏季危害尤为严重（图5-18）。

防治军配虫，要注意清除树木附近的落叶和杂草，在危害期，可喷洒80%的敌敌畏乳油1000~1500倍液，或50%辛硫磷乳剂1000~1500倍液，或50%杀螟松乳油1000倍液，灭虫效果均比较理想。

7. 红蜘蛛

对真柏、地柏、五针松、山橘、榆树、竹类危害严重。红蜘蛛属于螨类，个体很小，体长不到1mm，体形为圆形或卵圆形，大多呈红褐色，其繁殖能力很强，在高温干旱的气候条件下，繁殖尤其迅速，危害严重（图5-19）。它将口器刺入植物叶内吮吸汁液，使植物叶片的叶绿素受到破坏。危害严重时，植物叶面呈现密集的细小灰黄点或斑点，叶片逐渐枯黄、脱落，甚至造成树木死亡。

对红蜘蛛的防治，应注意在天热时经常检查，可在树下放一张白纸，然后用手拍打枝叶，如有红蜘蛛个体掉落，则很容易在纸上发现。当发现红蜘蛛时，应及时喷药，可用20%的三氯杀螨醇乳油1500倍液，或40%氧化乐果乳油1500倍液喷洒受害植株。

图5-15 天牛成虫

图5-16 天牛幼虫

图5-17 杜鹃军配虫危害背面及活虫体

图5-18 杜鹃军配虫刺吸危害叶片正面

图5-19 桂花红蜘蛛活虫体

卷 六

树石盆景的艺术表现

SHUSHI PENJING DE YISHU

BIAOXIAN

树石盆景是以树木和石头为主组合为景，借以表现自然和反映社会生活的艺术作品。盆景用材源于自然，而表现的对象也是以大自然物象为依据，所以在构思、立意及创作中一定要以自然为师，即使加工也要顺乎自然，合乎自然之理。然而艺术创作，仅再现自然是远远不够的，还需要作者真情实感的投入，融以人情，达到"天趣与情趣并重"，"物我交融、天人合一"，这样的作品才具有艺术感染力。

优秀的树石盆景作品气韵生动、神形兼备，情景辉映，耐人寻味，要使作品产生这种艺术魅力，在认真观察、理解、学习大自然的同时，还必须遵循一定的艺术创作规律，灵活运用各种艺术表现手法，在创作中处理好景物造型的"主与次""高与低""虚与实""疏与密""远与近""动与静""轻与重""刚与柔""景与情"等关系，以达到既丰富多样，又协调统一的艺术效果。

"主次、高低、疏密、虚实、动静……"均属艺术辩证法的范畴，反应事物对立的矛盾双方。"低"对"高"而言，"低"具有缺欠性，可是没有"低"，哪显出"高"呢？反之，"高"对"低"来说，"高"是缺欠性，没有"高"，也显不出"低"。"疏"对"密"来说，"疏"是缺欠性，可是没有"疏"，哪有"密"呢？"密"对"疏"来讲，也是这个道理。没有"黑"就不会显"白"；没有"小"，也就不能显"大"；没有"高山"显不出"平地"；没有"奸臣"显不出"忠臣"……这都是平凡的道理，也是在其他艺术门类中经常运用和提及的"对立统一"的辩证法则。这些互为缺欠的矛盾双方同时又具有互补性，在盆景创作时，有意识扩大局部之间相互的缺欠对立性，造成一定对比，然后将这些"缺欠性"结合成为一个矛盾的统一，便是作品整体性和完整性，它们彼此之间相互呼应，相互联系，相互为用，相得益彰。因此说树石盆景的创作过程实际也是缔造矛盾，同时又处理、解决矛盾的过程——"在整体统一的基础上，力求局部变化；在立异变化的前提下，又求得整体和谐统一"，进而营造出情趣、意趣。

"对立统一"的艺术辩证法即是树石盆景创作遵循的法则，同时也是树石盆景鉴赏和品评的依据。

■ 主次分明

主与次的关系是盆景布局中最核心的结构规律，在任何艺术作品中，各部分之间的关系不能是同等的，必须有主次之分。主要部分是作品要表现的中心景物，具有统领全局的作用。而围绕这个中心景物的其他景观则为次，起陪衬作用。次要部分有一种趋向性，起着突出、烘托主体的作用。

主与次是相对的关系，在一件作品中，就整体而言，只有一个主体，但每个部分又有局部的主次关系，当然，局部必须服从整体的统一。

主宾相从

"主"可以是盆景作品中的主题，也可以是为了主题而设置的主要形象；"宾"的作用是为了衬托和丰富"主"的存在，以克服和避免"主"的单调、孤立。主宾关系也是相互依存的，主无宾不立，宾无主不成。

在盆景创作中，主宾关系贯穿造型、构图的全过程。树木要有主干、主枝。2株树需一主一宾、一高一低。三株则需要两聚一散，突出主宾关系。点石同理，两块必一大一小，三块也要两密一疏。丛林需要主树、宾树分明，山有主峰，水有主流……

主大客小

在空间处理上，主景高度和体积要突出，占据较大比例；客景相对弱小，占空间也小，依次类推。同理主树宜高大，客树次之，从树则更小。图 6-1 的主树和主石就可见一斑。

先主后次

作树石盆景，先确立主宾的位置，次定远近之形，然后才能宏观定位、布置高低。在制作顺序上也要先主后次，不宜颠倒，如水旱盆景制作以树为先，先布置丛林，后布石造景。

图 6-1 涛声依旧
用材：真柏、英德石
作者：上海 庞燮庭
主树高大伟岸，宾树斜展多姿；主石依托主树稳定全局，余者分置前后远近，代表不同的景致——台、坡、渚、远山。但均与主体照应，协调一致

虚实相宜

在中国传统艺术中，"虚"与"实"被广泛地运用于审美领域的各个方面。盆景被誉为"立体的画"，在具体空间布局及表现手法上同绘画有很多异曲同工之妙，"虚实"这一矛盾关系在盆景中的灵活、巧妙运用，会丰富作品画面的生动性和灵动性及作品内涵的外延。

虚实相生

盆景中的"实"通常是指有形的物象，"虚"指无物的空白，二者关系是感观上相对而言的，有时也是可以转化的。虚则空灵，实则充盈，虚可将观者引入无限境界，实则能反映物象的具体变化。

盆景是造型艺术，制作过程表面是对有形物质的塑造（如树木盆景中大枝的弯曲布局、枝片的层次分布，水旱盆景的地形营造、驳岸的石头安排等），实际这些布局当中无时无刻脱离不了对虚空的布设，绘画中叫作"留白"，树木盆景若没有空白的穿插渗透，就不会有层次变化，也体现不了树体前后的深度空间。所以说盆景多变的景致效果一定是在空间的虚实变化中得以展示，"无虚不以显实，无实不能达意"，可见虚化空间的重要性。

盆景中的"虚"与"实"不是对立关系，而是相互渗透，互相转化的，实中有虚，虚中有实，虚实相生，相辅相成，这样的盆景作品才能给观者留下广阔的思维和想象空间，留下深刻、鲜明的印象。如作品"高山流水"中林木、石头、摆件、土丘是实，水域、天空是虚；水域针对陆地是虚，但对于松林是实；驳岸是水域和陆地的分界线，相对与土丘和水面，驳岸是实，后二者为虚。通常布景要在土丘和水域中加点石，这些石头的布设则为"虚中有实"，虽然只有数块，但使陆地、水域交融为一体，"你中有我，我中有你"，既丰富了画面变化，又显山林之野趣，这便是"虚实相生"（图6-2至图6-4）。

虚实相宜

盆景的创作过程中，"虚与实"的空间处理贯穿始末，但它不是独立存在的，通常与"疏密、聚散、向背、轻重、险稳、弛张"等相伴而行，因此在布局时，要着眼全局，并且要拿捏好分寸，做到虚实有度，方能虚实相生，虚实相应，妙造自然，回味无穷。

图6-2 水旱盆景创作要"有天有地"，"天地"之间要留有"空白"（虚），从而会产生空间美。林下虚空而显松之伟岸高拔，松之高大方显林深水阔

图6-3 树体间的"虚实相生"主要指枝片的布局穿插，前后、上下错落，疏密有致，通常前虚后实或前实后虚。每个枝片要做到"既观骨，又观叶"，虚实洒脱，露透空灵

图6-4 盆景中的虚实关系是可以转化的。画面中水域针对陆地是"虚"，但对于松林而言已变成陆地的一部分，则为"实"

动静结合

盆景艺术同其他造型艺术一样，也是由"点、线、面、体"结合而成。盆景中的"动"主要指线条（如干、枝的伸展轨迹；树冠和山体的轮廓线）和块面（枝片、山体）呈现一定的运动倾向，造成视觉上的不安定感；"静"则是针对"动"而言，指在画面中维护安定的元素，这种元素包括线条的运用、块面的平衡、摆件的设置等。它与"向背、弛张、轻重、险稳"具有一定的内在关系。

动静结合的关键在于"动势与均衡，两者矛盾的变化统一"。盆景创作力求变化，形式上立足于"动"，因为"一动则千姿百态"，然而动极则不安，故另一面又必须动中求静，力求均衡。

在树石盆景中，为了更多地表现动势与均衡的搏弈，主要的树木、山石要偏离中轴线安置，如一般主树或主石都立于盆一侧的1/3处，从轮廓线上形成不等边三角形，然后充分运用争让、顾盼、开合、弛张等动静关系，将众多素材组合为一个活泼的整体。

盆景本身是静态的，我们在创作时要有意打破平衡，塑造不安定感，进而求动。如风树的造型，利用蟠扎技艺使枝条向一侧飘动，给人以"风吹枝动"的立体感觉，图6-5中，为维护画面的平衡，在树的下方布置了许多石头，既是造景的需要，同时也是为了稳定画面；再如树木造型中通常塑造一大飘枝，目的也是打破两侧对称，进而增加树体的动态变化，这类树木运用到水旱盆景，通常飘枝置于临水一侧，既显灵动，又有变化，但另一侧需构置"静"的元素（加树、布石、放摆件等），以求得画面的平衡感（图6-6）。

图 6-5 山雨欲来
用材：榔榆、英德石 作者：湖北武汉　贺淦荪
风吹式是树木盆景中以静写动的典型代表，作品中树势动感强烈，而大量的石头足以稳定画面，给人以安定之感

图 6-6 罗汉松附石 香港 青松观藏品
该作品也是"倚石布树法"的代表。罗汉松斜干横飘，尺度过大，会有不安定之感。但作者巧于布势，在右侧根基处配一立石，从而解决了画面重心问题。一静一动，刚柔相济，相映成趣，妙不可言

▊轻重相衡

盆景的造型结构通常体现于两种形式美：一种是对称的美，这类形式多表现于树木盆景，外形呈正置的等腰三角形或半圆形，虽然也有节奏感和变化，但立足于"静"，体现庄重、严谨之美；还有一种为均衡的美，均衡是指画面上的视觉形象用物象的重量来比拟，以画面中心为支点，用重量的平衡来比拟画面的均衡，以求得画面不对称的对称，不平衡的平衡。它表现了一种活泼、舒展之美，树石盆景构图一般采用该形式。

轻重相衡是指人们在欣赏盆景时，在视觉和心理感受上获取的平衡，它与疏密、聚散、虚实、弛张等存在关系。在树石盆景的制作中主要从主体物象的形体取势、面积体量和色彩深浅以及盆、架配置等方面去协调重轻，视觉上遵循"人比动物重，动物比植物重，动比静重，斜线比竖线、横线重，深色比浅色重"等原则。

图6-7中，主体山石的走势有左倾之势，为取得平衡，作者在主石右侧栽植两棵"高大"大阪松，并势取向右，目的是增加右侧的张力，并在盆右侧设一组小山，山势及植物走势均向左，与主树遥相呼应，以营造视觉上的均衡感。然主石过大，树的分量还不足以制衡，作者又在前方设置两组人物摆件，既丰富了画面，平添了情趣，增加了景深，从另一方面讲也维护了画面的轻重相衡。

图6-7 又逢相聚时
用材：大阪松、大花玉石
作者：江苏苏州 张福民

图 6-8 世外桃源
用材：雀梅、英德石
作者：香港 伍宜孙

◻ 险稳相依

险稳是对立关系，在树石盆景创作中也是基于"变化统一"的均衡法则去理解，它既体现于制作时石头和树木的力学稳定上，更多是表现于人在欣赏时的视觉感受。我们在盆景制作时讲求"平中求奇""乱中求整""稳中求险""险中求稳"，有意识创立这种对比关系，是为了造成画面的生动感。例如悬崖险坠的山体、临水飘悬的树木，这些都是作品要表现的焦点，我们在布势时既要突出它们的动态趣味，但另一方面也要顾及它们的合理性和稳定感。

艺术处理上，通常采用块面和线条加以平衡：视觉上竖线、横线具有稳定感，而斜线则具有不安定感；正置三角形有稳定感，而斜置和倒置的三角形则不安定。

如图6-8中，凉亭置于横飘山石的尖端，是险上加险，非常引人注目，同时左侧的分量也很重，远望上去还会令人感到不安，但是作者巧于布势，在右侧穿插栽植了9棵直干雀梅，庞大叶冠群增加了山体自身的厚重感，这样左侧的分量感就不那么突出了，从而造成视觉上的平衡。这个亭也成了作品的中心看点，桃源野趣，皆有此生。画面中这些直干（竖线）雀梅起到了很大的稳定因素，这是"平中求奇""险稳结合"的好案例。

图6-9 峡江恋曲
用材：金钱松、龟纹石
作者：安徽黄山　张志刚
收藏：宁波绿野山庄

疏密有致

疏，指稀疏；密指稠密。疏与密也是人们在感觉上的对比，至于"疏好"还是"密好"？具体在现实空间也是相对而言，得当为好。

盆景的造型及布局中涉及很多元素，包括枝叶、枝片、树干的多寡、石头排布数量的多少等无不与疏密有关。疏能使作品产生空灵感、轻柔感和立体感，而密能使物象产生厚实感、厚重感，同时景物过密也带来了平面感和窒息感；过疏而不密则又显空洞松弛，密有赖疏的衬托，疏离不开密的点缀，二者相间互衬，才能对比鲜明。任何艺术，都有其内在的节奏和韵律，疏密有致的作品自然最能体现这一点（图6-9）。

关于疏密的对比关系，在中国画论中有"疏可走马，密不透风"的说法。盆景的空间处理同样如此，密时聚集成片，疏时不现一叶。实际运用中，疏密往往与"虚实、聚散"相关联，二者之间不是绝对的分割，要注意穿插、衔接过渡，方可得当自然。

图6-10 《芥子园画谱》中石头的聚散安排　　图6-11 《芥子园画谱》中树木的聚散排布

聚散合理

聚指聚集；散指疏散。聚散关系往往与疏密相关，两者之间既有联系，又有区别，一般地讲，疏必散、散必疏；密必聚，聚必密。但散不等于疏，疏不等于散；聚不等于密，密不等于聚。

聚散是指实物间的对比，疏密是感觉上的对比。

《芥子园画谱》中对石头的布置及丛林组合时树木空间的聚散分割都有例证（图6-10、6-11）。

在盆景组合过程中，树木与山石二者之间的结合及树与树、石与石的组合时，对聚散的处理非常重要。例如丛林组合时，有意识将两株并为一体，体现双干；或将三棵变为一组，体现一丛，而将其他树相对拉开距离，这就是为了体现聚散关系。石头的布局同样如此，当主石不够分量时，就采用多石组合的办法聚众为大，从而拉开与其他石头之间的距离感。树石结合时，有意将主树或主石并靠对应的石头或树木，目的也是将二者融为一体，体现自然野趣。

顾盼呼应

顾盼呼应指的是将盆景作品中的树木、山石、摆件等各个体之间融以人情，将其人格化，相互间通过走势、朝向的协调使其具有内在的联系，彼此间顾盼呼应，和谐有情。艺术处理后的景物彼此之间不是孤立存在的，而是互为依存的。

"顾盼"主要表现在景物的方向上，方向一般通过"势"来体现，如树木飘枝或顶部伸展的方向、石头倾斜的方向等。景物之间有左右之分、上下之别及前后之间，在取势处理时一定依主而行，呼应相顾（图6-12）。再如溪涧式水旱盆景在两岸布树时，通常将岸边的树向水边倾斜或将飘枝伸向水边，这既符合自然界树木生长的争让规律，又形成两岸的树木顾盼互动。

呼应则表现在很多方面，除了景物的方向外，还包括景物的种类、形体、色彩、线条以及疏密、聚散、轻重等。如主树是风吹式的，则客树、从树都应是风吹的，并且在成熟度、方向上都一致；又如水旱盆景的布石，驳岸之外在水中和陆地部分都要点石，这样它们之间会有内在联系，有呼有应，过渡自然。

图 6-12 青山着意化为桥
用材：平枝栒子、英德石
规格：盆长 115cm
作者：湖北武汉　唐吉青

藏露有法

藏：指遮掩、遮挡；露：显露。藏能显示物象层次，显得幽深，具神秘感。露则生辉，展示作品的外在形态。藏露是造型艺术经常运用的艺术手法，体现一种含蓄的美，给人以回味。

画论中"山欲高，尽出之则不高，烟雾锁其腰则高矣；水欲远，尽出之则不远，掩映断其脉则远矣"，是山水画创作藏露手法的具体运用及表现。

中国园林讲究曲径通幽，实际也是采用"藏"来分割空间，进行隔景，以达到"景小境大"，移步换景的作用。

"景愈藏而境界愈大；景愈露而境界愈小"，同样适合于盆景创作。如树木盆景中的藏露的运用，在于前枝遮掩主干和后枝透露，它丰富了层次深度和韵律感。树石盆景中的石包干法，藏干法均是采用藏的手法将树干掩盖，只露出枝叶部分与山石呼应，起到了"形小相大"的效果（图6-13）。

梁玉庆先生的作品"深山藏古寺"在命题、布景以及树木的栽植中都运用了藏的手法：石头上种树挖的"树穴"及"景盆"中所指的"盆"，都会以"藏"的办法遮蔽处理，树栽植后不现盆穴，只为树与石融为一体，体现天然感觉；"古寺"掩映于左上方山谷深处，若隐若现，与下方的僧众、房舍遥相呼应，可以想象山路之崎岖漫长，给人很大的回味空间。

图6-13 牧牛图
用材：真柏、钟乳石　作者：上海　庞燮庭
　　作品的用材极为简单，一树一石两摆件。但作品韵味却很足，巧妙之处就在于"藏"的运用，一巨石遮住后方的树干，使原本单薄细弱的树木立时变的厚重起来，远处若隐若现的房舍更增加了空间深度，与前方的放牛娃相应成景。构图简练而富有画意。

图 6-14 天上人间
用材：米叶冬青、龟纹石
作者：山东济南　梁玉庆

图 6-15 巴渝人家
用材：虎刺、龟纹石
作者：重庆　李子全

■刚柔相济

"刚"的线多为直线，如直干树和斧劈石的折带线，色彩上暖色为主，给人以强烈对比之感；"柔"展现的是阴柔之美，秀丽婉约，多采用曲线，给人调和、舒适、淡雅之感。

树石作品中，刚与柔既是质的对比，又是感觉的对比，体现在作品的表现题材、艺术风格、艺术造型及材料等方面。就表现题材和艺术风格方面，有的以阳刚取胜，如梁玉庆先生的"天上人间"（图6-14），壁立千仞，刚硬无比，虽有树的装点柔化，依旧雄峙江东；有的以绵柔见长，如李子全先生作品"巴渝人家"（图6-15），近处的虎刺丛林疏密有致，在桥的连接下富于生活情趣，远山连绵浑厚，体现一种婉约之美。以上刚与柔各有千秋，各得其所。

就作品的艺术造型而言，过刚会显生硬，应适当添加柔的元素；若过柔会显无骨乏力，故也应加些刚硬的线条块面，如枝条造型不可过于强调剪好还是扎好，笔者经验剪扎结合最好，这样方能曲直并存，刚柔相济。至于所用的材料，树干为刚，树叶为柔；而树石相比，树是柔，石为刚。这种关系有时也是可以转化的，如在水旱盆景中，水为柔，树石为刚；盆为刚，树为柔等。

▎比例协调

比例是形式美最为普遍的重要规律之一，它是指美的事物在外在形式上部分与部分、部分与整体之间构成的一定的比例关系。

中国画论中的"丈山尺树、寸马分人"，指的是山水画创作中各事物间的比例关系。树石盆景是立体构成，有三度空间，其构成的比例关系比之绘画复杂的多，因此说比例是树石盆景审美的重要因素，表现于树木、山石、盆器、摆件以及各个体之间的大小、高低、长短关系，它直接影响到画面的构成效果。一定比例关系的失调，会导致形式美的消失。

"缩龙成寸，小中见大"是盆景的特定艺术手法。"缩龙成寸"指的是盆景浓缩后的整体比例关系变小，而各个部分之间比例并未改变，否则就会走形，难以"小中见大"。树石盆景中的构成元素很多，若相互间没有比例制约，则会杂乱不堪，缺乏表现力。

景与盆的比例关系

比例构成的美学原理是：匀称、和谐、自然。同样一棵树，盆越小，则相越大（在合理范围内），反之，则相越小。因此，盆的大小、款式对于景而言，非常重要，一定要选择合适的才会更好地烘托景致。

图 6-16 山不在高 用材：真柏、风砺石 规格：90cm×55cm 作者：上海 庞燮庭

图 6-17 树木压缩后的效果

树与石的比例关系

树石盆景中树体与山石的比例问题是决定作品表现力和艺术品位的问题，主要体现在用材的数量和相互间的尺度上。

树石组合的丛林盆景在用材上以能表达主题为好，以少胜多，以简洁为好，太多会拥挤无序。

树木和石头在尺度上一定要与表现的境域相适合，特别是二者之间的比例关系一定要得当。带有水域的树石盆景在树木的配植上更要注意，因为人们在欣赏时，通常是以水域的远近衡量物件大小。同一方位物件之间

互为参照物，树小方显"山"大，若比例失调则会使作品的表现力大打折扣。艺友庞燮庭先生的作品"山不在高"问世后出现一些争议，焦点就是树与石的比例关系。图6-16是原作，因为水域分割，将主石推远，从而使石头处于中景的位置，然高大的主树体量明显压过下面的主石，以石作参照，这棵树会有几十丈高。反过来，树盖过"山"，此"山"也无高而谈。图6-17是我处理过的效果图，树木压缩以后，它与石头、舟船、水榭、远山之间的空间比例关系就合理多了，同时景域也紧凑了，主石也突兀而变得更有张力。

树与树、石与石的比例关系

树石盆景中综合式大景域类型，往往用树和石头较多，表现景域很宽并有一定深度，选材上要粗细、大小兼备，布局上需"近大远小"，符合透视原则，才能达到深远的效果。

摆件的运用

摆件在盆景点缀中的运用一定要注意比例。包括与树木、山石营造的空间的比例，摆件体量过大则会显树小，过小显得树过高，会不现实。多个摆件如钓叟、亭、船等在同一作品运用时，一定要注意前后透视关系，以免混乱不清（图6-18）。

图6-18 多个摆件同放时，人与桥、房舍及远处的舟船的大小比例一定要合理，否则会造成空间上的紊乱。该作画面中的摆件处理非常到位，材质协调，比例恰当，生活气息浓郁

向背合理

"向"指朝向，"背"指逆向，主要指物象的走势。

无论是树木，还是山石，在制作审材时，首先是找出主面，其次是定势，这里的"势"指的是树木的枝干、树冠或石头形体的起伏变化呈现出的运动走向。树木盆景的走势主要由树干的朝向、大枝的走向以及顶部的取势来决定。一般来讲，斜干的和临水的树看树干的倾斜方向，倾斜方是向势，另一方为背势；直干的树看飘枝，飘枝的那方就是向势，反方为背势；直立的石头看顶部的斜角，斜线长的一般为背势，斜线短的为向势；不规则的石头看凹凸，凸方一般取向势，凹方为背势。

势的选取定向对作品的创作非常重要，尤其是树石盆景，部分素材走势尽可能统一，否则组合在一起会显得杂乱不堪，有各自为政的嫌疑。

作品在布局时，更要注意布势的合理性。以水旱盆景为例：水畔式布局时，一般陆地居于一侧，另一侧水域方则为向势，树木飘枝或倾斜方向应朝向水面，这在构图上叫均衡，实际自然中的树木也是这样，往往树干倾斜或飘向水的一方，这是树木为了生长争让所致（图6-19）；溪涧式在布局时，中间为溪，两侧是陆地，树木往往相向对峙，这也是符合自然规律；在多景式或岛屿式布局时，树木的走向有时会朝向一方，这样做是为了整体的和谐统一。

图6-19 问泉
用材：对节白蜡、龟纹石
规格：盆长130cm
作者：湖北咸宁　冯连生

图6-20 风在吼
用材：榆树、水磨灰石
规格：150cm×75cm
作者：湖北武汉 贺淦荪

形神兼备

盆景的"形"是指创作主体对所表现的对象具体形态的真实反映。"形"是可以看得见摸得着的，如植物的根干枝叶、石头、水系、摆件等。"神"则是指存在于人或自然景物之中的一种内在的精神气质和勃勃生气。"神"是抽象而不具体的，是只可感悟而不可言传的。

树石盆景的"神"包含两个方面：表现景物的自然之神和创作主体之作者之神。前者如树木的生机、天性、姿态，山水的气势、灵性、风采等；后者是作者借景物以表现其内在的精神气质和个性特征。在盆景作品中能"融二神于一体"的方为上品，这类作品形神兼备，意境深远。如贺淦荪先生的作品"风在吼"（图6-20），三棵榆树采用的是风动式造型，枝条向一方扬起，雄劲奋发，树下三匹白马仰天长啸，在风吼马嘶的场景下，很自然会令人想起冼星海先生的《黄河大合唱》："风在吼，马在叫，黄河在咆哮……"，那雄壮激昂的歌声立时会令人血脉偾张，亢奋不已，"给人以不畏艰辛、开拓、拼搏、勇往直前之感"。

从"风在吼"的题名中，可感受到盆景作品的"以形传神"，"形"是因，"神"是果。"形"是传神的手段，是"神"的物质基础，所以，没有"形似"就不会有"神似"。具体典型的形象，必须有"神"而后才会有生机灵气。神是抽象的，只能感悟，它能代表一种情操或志趣，却又不可能独立存在。

从主从关系看，两者又得互移其位，理当"神"为主，"形"为仆，"形"必须服从"神"的需要，如果把握不住这条宗旨，很多作品就魂不附体，形式也就成了无生命的躯壳。

◾ 情景交融

　　盆景是一种借景抒情的艺术，尤其是树石盆景。优秀的作品能激发起观赏者的感情，产生联想，引起共鸣。作品之所以感动人，是因为作品融铸了作者的思想情感和志趣，当观赏者通过作品感受的这份意蕴时，就产生了意境，而构成意境的一个重要方面就是达到情景交融。

　　在由"情'与"境"相统一而构成的意境中，情自始至终居于主导地位，即"情为主，景为宾"。在艺术作品中的意念与哲理，都必须"带情以行"，意是情意，理是理趣，是渗透了作者感情的结晶。正如王国维在《人间词话》中所说："一切景语皆情语也。"王国维在此讲的是诗词中的景语皆情语，借用于盆景也恰如其分。

　　诗词有诗词的语汇，树石盆景同

样也有自己独特的语汇：主宾的顾盼呼应，丛林的聚散疏密，主峰的高悬陡峭，坡脚的曲折蜿蜒……处处都洋溢着作者的情。以情造景，以景拟人，使景人格化、感情化，景即是情，情即是景，情景交融，成为联系作者与欣赏者之间的纽带，达到感情上的交流与共鸣。"片山有致，寸石生情"，这需要我们用心去聆听，去感知，去营造。

要融情于景，首先作者要深入生活，热爱大自然，热爱祖国，要有丰富的感情投入到创作中，正如西班牙画家、雕塑家毕加索说："不要画眼睛看到的，而要画心灵感受到的"。只有用心、用情创作的作品才能打动人。贺淦荪、赵庆泉大师之所以能创作出那么多经典的树石作品，除了心中的那份真情，还有对生活、对自然、对艺术长时间地观察、体验和积累。

图6-21 西风烈
用材：对节白蜡·鄂西灰石
规格：盆长160cm
作者：湖北武汉 贺淦荪

"西风烈"是贺淦荪先生按毛泽东主席1935年2月所作的《忆秦娥·娄山关》词意制作的大型动势树石丛林盆景。创作前夕，他把电视剧《长征》反复观看了6次，对红军在革命途中遭受的艰难险阻及不同的战斗经历作了深度的了解，由最初的理性认识逐渐上升到感性认识。看到最后，用他自己的话说仿佛已亲临其境，将自己置身于那段历史当中。正因为有此强烈而真挚的情感依托，创作完成的作品才会雄壮激扬、声情并茂、情景交融、耐人寻味。

"西风烈"将主题思想突出三个重点来表达，一为西风烈，二为从头越，三为苍山如海·残阳如血。

如果它是一部乐曲，西风烈则为第一乐章：在序曲中，长空断续的雁叫声，引来了激烈的风声，在挺进的行军声中，渗透着细碎马蹄声和悲壮的喇叭声，时疾时缓，有重有轻，所有这些最终统调于红军战胜艰险，从头跨越，气吞山河的最强声中，给人以深沉凝重、壮烈奋发之感。

第二乐章从头越：则是乐曲之高潮部分，表现出中国工农红军，在正确革命路线指引下，不畏艰险，四渡赤水，再取娄山关的英雄气概，他们军纪严明，高度发挥阶级友爱，顾盼提携，革命乐观主义精神在呐喊、在欢呼，代表时代主旋律最强音，宛若"鹤鸣九皋，声闻于天"。

第三乐章苍山如海·残阳如血：则由激昂高亢，逐渐转向舒展，坚毅而自信，它展现红军征服钢铁般娄山关从头跨越的英雄气概和中国革命过程中复杂

图6-22 "西风烈"局部——西风烈

图6-23 "西风烈"局部——从头越

图6-24 "西风烈"局部——苍山如海·残阳如血

曲折、充满荆棘、斗争并不轻松的任重道远之感，同时表现出新形势扩展到全国的战斗决心和对中国革命前景极富诗意的展望，中国革命前景是何等壮丽、灿烂辉煌啊！在乐曲轻飏、舒展的尾声中慢慢地落下帷幕。"苍山如海，残阳如血"。

如此细腻而婉转的用盆景语言表现自然美，反映社会生活，是贺淦荪先生一直坚守的盆景艺术观，几十年他以树石替代笔墨，以情化景，讴歌时代主旋律，创作了大量具有时代感和民族特色的经典作品，如"风在吼""海风吹拂五千年""萧瑟秋风今又是""我们走在大路上""祖国万岁""心潮"等。这些作品之所以感染人，皆是因为其中有作者真情实感的渗透，用他自己的话讲"情之所至，景若天开"（图6-21至图6-24）。

雀梅盆景

树种：雀梅
石种：钟乳石
用盆：长方形汉白玉石盆
规格：盆长100cm
作者：香港　伍宜孙

　　"老木攒云似战陈，逡巡下马坐青茵。忽疑深入营丘画，小阜闲亭亦可人。"伍宜孙先生的盆景多诗书画一体，诗中有景，景中有情。

　　这件作品为石上丛林式。二十余株雀梅高低分布，错落成林，与石相应，自然野趣。更有闲亭、骏马点缀其间，诗情画意跃然盆面。

郊野雄姿

树种：博兰
石种：海母石
用盆：腰圆紫砂盆
规格：65cm × 60cm
作者：香港　吴成发

画面的中心是一棵古树，右倾而左顾，虽有动态，但重心不稳。作者巧用几块石头分设前后，不仅稳定盆面重心，使树木动中求安，活泼舒展，更将郊野的开阔深远表现出来，以衬其"雄"。

横空飞渡

树种：雀梅
石种：英德石
用盆：长方形釉陶盆
规格：石高40cm
作者：广东广州　黄就伟

作为一件树石小品，石高不赢尺，但由于雀梅的繁柯相映，相依相生，使作品厚重而富于情趣。

倚石听涛声

树种：雀梅
石种：英德石
用盆：椭圆形釉陶盆
规格：树高80cm
作者：香港　刘耀辉

这本是一个根部有缺欠的桩材，作者在虚处嵌石补缺，可谓点石成金，化朽为奇。加之后天十多年的枝冠剪裁，匠心营造，作品厚重磅礴，别具新意。

三角梅附石

树种： 三角梅
石种： 英德石
用盆： 长方形紫砂盆
规格： 树高93cm
作者： 广东清远　郑永泰

　　三角梅蟠石而上，倚石而生，辗转蜿蜒于夹缝中绽放花蕾，凭的是一种斗志、一种积极向上的精神，绽放的是勇攀盆艺高峰的大雅之美。

高士图

树种：马尾松
石种：类太湖石
用盆：椭圆形石湾釉陶盆
规格：高90cm
作者：广东清远　郑永泰

此作属倚石布树法，但是现实中是先育树，后配石。石头在作品中起到了画龙点睛的作用：自身的灵动变化与松树交织在一起，不仅弥补了右侧的虚空，增加了作品的分量感，而且淡化了松树主干僵直少变的不足。

树下空旷，作者布石设局，仙翁对弈，松鹤延年，别有深意。

三角梅附石

树种： 三角梅
石种： 英德石
用盆： 长方形紫砂盆
规格： 高145cm
作者： 香港 黄基棉

　　作者借助石头的身段变化，附树于上，树石合一，瑰丽多彩。

茑萝幸托

树种： 榆树
石种： 英德石
用盆： 椭圆形紫砂盆
规格： 高60cm
作者： 香港　伍宜孙

　　伍宜孙先生的附石盆景对于石材非常讲究，既要符合画理，讲求型格和气势，还要有自然情趣。多采用小树附石，注重年功和画意的表现。

　　该作根、干、枝完全贴附于石缝之中，令人有岁月留痕之感，古拙而富于禅意，堪称经典。

欲断难离情依依

树种：朴树
石种：英德石
用盆：长方形切角釉陶盆
规格：树高135cm
作者：广东顺德　韩学年

这是韩学年先生的一件脱意之作。树木自幼附石，长粗后显得呆实臃塞，未能达到自己的预期设想，就用锤敲掉中段部分石头，意象不到的是空间豁然开朗，上下两节石头形断意连，别具韵味。

适者

树种：榕树

用盆：扁形仿残破平面墙壁的"景盆"

规格：高110cm

作者：广东顺德　韩学年

作品以根取势，以形赋意，构图新颖，别具一格。在展现榕根之美的同时，更着重传播一种精神。绝壁残墙，榕树在逆境中凌空独处，却生机盎然，郁郁葱葱。作品把自然界中优胜劣汰、适者生存的法则表达得淋漓尽致，启迪人生，催人奋进。

舞动的山林（秋景）

树种： 三角枫
石种： 石灰石
用盆： 异性陶盆
规格： 盆长125cm
作者： 安徽黄山　张志刚
收藏： 宁波绿野山庄

三角枫是杂木中的贵族，不同季节表现出的风姿神韵也各异。落叶前更是浓妆艳抹，楚楚动人，欣赏着多彩的树姿，感受着舞动的灵魂，十年辛劳，瞬间顿忘，心中留下的只是美好，这就是盆景创作者的最大收获。

舞动的山林（冬景）

树材一本多干，源自天生。因左下虚空，故填石补缺，又引小根附于石表，使树石相融。为塑造山林生境，又散点数块于林下前后，从而改变地貌，使远近相应，自然起伏。

神奇的雨林

树种： 博兰

石种： 火山石

用盆： 长方形紫砂盆

规格： 盆长200cm

作者： 海南海口　刘传刚

雨林式盆景是刘传刚先生受热带雨林自然环境感染而独创的一种盆景形式。该作巧妙借助原桩材狂野张扬的一面塑枝造势，枝枝向上，以"枝"代树，寓意"雨林"葱茏繁茂。对地貌的处理可谓点睛之笔，散点石块，并撒白石米以示水意，使草、木、石、水融为一体，虚实有度，高下相承，立体而直观地再现了"雨林"的瑰丽和神奇，给人身临其境之感。

风雷激

树种: 博兰
石种: 石灰石
用盆: 椭圆形大理石盆
规格: 130cm × 90cm
作者: 海南海口　刘传刚

该作是"化平为奇"的典范。原树材高直平淡，截干后也僵硬少变，作者巧用风吹枝造型，以柔克刚，以遮掩树干的单调。配景选用刚劲多皴的硬石，极富张力与表现。主石坚挺紧靠主树而设，既弥补主干的直白（藏），又使树有所依，二者相拥相偎，迎风斗雨，任凭风雷激电，难移其志。全局简洁流畅，韵味十足。

清泉石上流

树种：五针松
石种：石灰石
用盆：圆形大理石盆
规格：盆长70cm
作者：江苏扬州　孟广陵

这件水旱盆景作品取中国唐代著名诗人王维的诗意，在正圆形大理石盆中表现出深远的画境。
作品布局合理，结构严谨，突出了松之高古、石之朴拙，石上清泉则更为点睛之笔，刚柔相济，动
静相衬。

踏秀

树种： 真柏
石种： 龟纹石
用盆： 椭圆形大理石盆
规格： 120cm
作者： 上海　郭伯喜

　　作品采用水旱盆景形式构图，但并未用石筑岸，而是塑造山坡地貌。两树位于盆右，分植主石前后，依石凌空斜出，生动多姿，野趣天然。一舟楫置于左侧，打破平静的水面，虚实相生，画龙点睛。

幽林曲

树种：榔榆
石种：龟纹石
用盆：圆形大理石盆
规格：盆长70cm
作者：江苏扬州　赵庆泉

　　十几株大小、粗细不一的直干形榔榆为主要材料，配以形态自然、纹理协调的龟纹石，在正圆形水盆中，构成一片幽静的深林。树木布局极富节奏韵律，犹如一首优美的乐曲。

　　作品采用典型的溪涧式布局，并借鉴了西方油画的构图形式，采用焦点透视，将左右两丛树势均引向中间，呈合拢之态，溪水由宽渐窄，树木由大渐小，突出表现出画面的纵深感。

古木清池

树种：榔榆

石种：龟纹石

用盆：椭圆形大理石盆

规格：140cm

作者：江苏扬州　赵庆泉

作品采用水旱盆景水畔式的布局形式，以数株大小不一的榔榆（主树约50年）、龟纹石和浅口水盆为主要材料。在布局上，主树临水，最为突出，配树则与之呼应；山石分开水面与旱地，并与树木形成对比；坡岸高低起伏，水岸线曲折蜿蜒。整个作品主次鲜明，远近有序，轻重相衡，和谐统一，表现出水畔古树的自然美景。作品荣获"99昆明世博会"大奖。

古渡沧浪

树种： 金弹子、龟纹石
用盆： 椭圆形汉白玉石盆
规格： 盆长100cm
作者： 重庆 田一卫

作品采用水旱盆景水畔式布局。左侧陆地两棵"古树"相依，一正一斜，苍老雄劲。正者伟岸多姿，斜者临水飘逸。

石头驳岸的布设也别有意趣，狂放有势，自然统一，稳中求险，简洁洗练。树石一体，别有情趣。

水木清华

树种： 对节白蜡
石种： 青色龟纹石
用盆： 异形汉白玉盆
规格： 盆长140cm
作者： 安徽黄山　张志刚

　　作品构图洗练，用材简单，只用了大小不同的4棵树（主、客树均一本三干）、几丛小杜鹃及十数块石头，就把开阔而富有深度的山林景色表现出来，清新不乏想象，旷达足以致远。

　　画面中清澈开阔的溪流潺潺而动，奔涌远去；居于两侧的林木高耸入云，顾盼多姿。近处的树，远处的山，虽近在咫尺，却似隔百里，小中见大，近中现远，树石交融，境域绵长。

烟波图

树种： 小叶女贞、石榴
石种： 龟纹石
用盆： 椭圆形大理石盆
规格： 盆长100cm
作者： 江苏扬州　赵庆泉

作品右侧为主景，以2株小叶女贞与数株小石榴构成一组疏朗有致的丛林，四周配上形态古朴的龟纹石，形成小岛状；左旱地是一片弧形的小石榴丛林，与主景相呼应；中间及后方是大片水面，上有一叶小舟，两三块点石，显得虚中有实；后方是一组低矮的远山，表现出作品的纵深感。该件作品中，就空间与景物而言，空间为虚，景物为实；就山石与水面而言，山石为实，水面为虚。树木相对水面为实，而相对于石头又为虚。因此，其整体布局达到了虚中有实、实中有虚、虚实相生的艺术效果。

幽居图

树种： 对节白蜡
石种： 龟纹石
用盆： 椭圆形大理石盆
规格： 盆长150cm
作者： 广东清远　郑永泰

作品采用水旱盆景溪涧式布局。曲折的溪流将陆地分为左右两部分，左侧为主，右侧为副。七棵树体量悬殊分植左右，高低错落，远近自然，均取势右倾，静中寓动，协调统一，别具画意。旷野疏林下，老翁掌杆垂钓，享受的是大自然中的这份美好和静谧。

溪塘林趣

树种： 真柏
石种： 龟纹石
用盆： 长方形大理石盆
规格： 盆长120cm
作者： 上海 唐敬丝

作品采用水旱盆景溪涧式布局。主景位于右侧，多株林立，斜正相交，虽乱而野趣横生，整体取势左向，俯仰生姿；左侧陆地两树向右斜揖，与主景相映，顾盼生情。简易的小桥使两岸陆地相连，与远处的房舍、水中的舟楫相应成趣，富于生活气息。

秋·思

树种： 金边女贞
石种： 济南青石
用盆： 椭圆形汉白玉石盆
规格： 盆长120cm
作者： 山东济南　李云龙

　　作品构思新奇，极具韵味。作者将天然多皴的石料平截为岸，并于中间凿洞为盆，配用多株直干的金边女贞组合为林，高耸挺拔，与石相应，颇具古意。

　　一老者站在左侧岸矶之上，远望着过往船只，若有所思。既强化主题，又增添了画面的生动性。

清溪松影

树种： 五针松、石榴

石种： 龟纹石

用盆： 椭圆形大理石盆

规格： 盆长100cm

作者： 江苏扬州　孟广陵

作品设置了多个树丛分植于溪岸两侧，以小显大，以近显远，通过前后杂树的比拟映衬，将主体松林的高大、活泼、舒展立体烘托，展示了自然而富于动态的野趣之美。

浦江源头

树种：真柏
石种：英德石
用盆：椭圆形汉白玉石盆
规格：盆长100cm
作者：上海　庞燮庭

盆景创作遵循的一个重要原则是"小中见大"。这件长不足1m的作品中，给人的第一感觉是开阔、宽厚、野趣、深远。这种空间的营造，得益于树石交互中虚实、聚散、疏密、藏露、顾盼等法的合理构建。

富春山居

树种： 真柏
石种： 风砺石
用盆： 椭圆形大理石盆
规格： 盆长80cm
作者： 上海 庞燮庭

　　此作构图极为大胆。七八株普通的真柏苗木组成主树（丛）偏于一隅，高古、超拔、险僻、奇崛。树丛正下方，两块硕大磐石驻扎在根脚部，且与之紧密结合，稳固根基，另设多块石头高低错落铺陈近石远山，取势与树木、人物相应和谐。

　　山石树木、亭台楼阁、人物舟船悉备，共同营造出一幅空灵深远的山水图卷。远、中、近景俱全，且丰富细腻，栩栩如生。只见远山青黛，近水澄碧，舟船摇映往来，各安其事；居于近景的主人公举杯对天，快意自足，陶然自适……无论意境表达还是山水之境的刻画，都更为沉厚阔大，富含蕴藉；而"富春山居"的题名，亦如点睛之笔，进一步深化了盆中的诗情与画意。

淦河春晓

树种： 对节白蜡
石种： 龟纹石
用盆： 椭圆形大理石盆
规格： 盆长150cm
作者： 湖北咸宁　冯连生

　　淦河是冯连生先生家乡的"母亲河"，他满怀对故乡的歌咏之情，以树石组合多变的创作手法塑造出一幅碧树春晓、淦水曲流的生动画卷。作品立意隽永，构图精妙，布局得法，表现自然，在咫尺盆盎之中饱载着淦河之美，近树远山、坡地水岸，一派清新景象。通过民居、小桥、灯塔等摆件的合理设置将空间拓展深远，既丰富主题又展示了家乡的新气象。

沂蒙颂

树种：米叶冬青、六月雪
石种：龟纹石
用盆：长方形大理石盆
规格：盆长120cm
作者：山东滕州　张宪文

树石盆景创作的高度是"树石交融"。从这件作品中不仅使人感受到"山因树活，树因石灵"的造化之美，还可使人领略到树石合一、相映成趣的画境之美。尽管画面布景复杂，但作者巧于构植，使画面藏露得体，繁而不乱，树石间各展其美，粗犷而不乏细腻，野趣间尽显天然。

这类盆景构景繁复，实际是山水盆景、水旱盆景及景盆等多种形式的综合。画面中的遒劲"老树"皆是扦插苗通过十几年培育而成，从中可感受到作者的匠心和耐心。

海风吹拂五千年

树种： 对节白蜡
石种： 龟纹石
用盆： 椭圆形汉白玉石盆
规格： 130cm × 75cm
作者： 湖北武汉　贺淦荪

　　1997年，作者为欢庆香港回归祖国而作。作品通过精心构思和选材，以写意的手法展现了对香港未来的期望。前面两棵树伤痕累累，但却英姿挺拔，迎风飞舞；曾被践踏而坚如磐石的岛礁与浪欢歌；远处一组"高楼大厦"象征着香港今日的繁荣稳定。作品让海风作证，揭示过去的苦乱和不屈不挠的战斗精神，也展现了为回归祖国而纵情高歌的景象。

山行

树种：三角枫
石种：英德石
用盆：长方形大理石盆
规格：盆长180cm
作者：湖北武汉　贺淦荪

作品以树石为材，以壮美为魂，从另一视角表现了杜牧诗意——"远上寒山石径斜，白云生处有人家"。深秋时节，霜叶落尽，芳华凋零，但远山近树伟岸豪迈，足以令人停车驻足。

该作运用的是景盆组合，树植景盆中，既可独立观赏养护，又可组合为一。

赤壁怀古

树种：雀梅、对节白蜡、杜鹃
石种：石灰石
用盆：异形大理石板
规格：盆长150cm
作者：安徽黄山　张志刚

该作取意于苏轼的《念奴娇·赤壁怀古》。"大江东去，浪淘尽，千古风流人物……"，作品山石为主，树木为辅，以山写水，以景抒情。

山石布势岭为依托，三点布局，主次有序。左侧峻岭突兀孤高，边崖陡峭，山间林木葱郁，错落有致；右侧为一小岛，开阔起伏，两树挺立与主山俯仰相和，边坡林下房舍成排，若隐若现；远山连绵，足以旷远。

舟行江中，观近山远水，思古抚今，感慨不已，遥想公瑾当年……

画中游

树种： 米叶冬青
石种： 卵石
用盆： 椭圆形大理石盆
规格： 盆长150cm
作者： 湖北荆门　郑绪芒

此作为多个景盆组合而成，右为主，左为副，后方衬一远山。作品浑厚、丰富，画面感极强。两侧山石林木高低相和，顾盼相应。近水远瀑，亭台桥舍，错落有致，组成了一幅自然与人文交织的山水画卷。无论从哪个角度欣赏，都可领略到画意美景。

松壑飞泉

树种： 五针松、六月雪、虎刺
石种： 雪花石
用盆： 圆形汉白玉石盆
作者： 江苏靖江　朱金山

　　作者巧妙运用石材的黑白色彩变化，勾勒出一幅高耸峭拔、立体灵动的泼墨山水，然后依山势散点青松杂树，高下相承，疏密有致，藏露得体，画意十足。

山居图

树种： 真柏
石种： 济南纹石
用盆： 椭圆形大理石盆
规格： 盆长100cm
作者： 山东济南　李云龙

　　"树因石而奇，山因树而秀"，二者融合"因水而灵"，这件树石作品带给我们的新奇之感，令人神往。

　　主峰巍峨挺拔，如有入云之气，次峰低小以望高峰，两山相应起伏有致。山上所种的多种真柏，因山势而多变，或静然直立，或虬然垂枝，苍而秀丽，形体虽小而神韵十足。各树虽有高下，但气韵相连，顾盼呼应，使作品清新有致。

　　两峰坡脚相延，以小桥为系、松下闲居、水畔行人和远处隐约的渔舟三者相应，布局精巧，山居题意尽化于其中。

抱朴幽清

树种： 榆树、河卵石
用盆： 异性石板
规格： 盆长100cm
作者： 福建霞浦　黄翔

盆景创作很多时候需要"因材赋意，见机取势"，该作即是最好的例证。

主体树石交融一体，源自天生，作者巧于因借，撒石成景。借主树的飘逸之势和主石的浑朴之形、点石布树，拓展景域，简洁而富于深度，野趣而充满神奇。在感叹大自然鬼斧神工的同时，也不得不赞叹作者的奇思妙想。

灵山秀色

树种： 地柏
石种： 英德石
用盆： 长方釉陶盆
规格： 90cm × 100cm
作者： 上海　盛影蛟

滋露润华枝，岁久苍鳞。树根抱附于山石，树干立于丘陵，枝叶飘逸，高雅洒脱，淡泊宁静而致远。这件作品也充分体现了"树因石灵，石因树生"的"树石相依"辩证美学。

深山藏古寺

树种: 米叶冬青
石种: 龟纹石
用盆: 长方形大理石盆
规格: 盆长130cm
作者: 山东济南　梁玉庆

作品以石头为主,树木为辅,表现的高山大湖风光,旷远意丰,简洁多韵。

壁立千仞,高耸入云,磅礴厚重;林木多姿,顾盼有情,远近相应。"人物""寺庙"摆件构置得体,高下相承,藏露结合,画龙点睛,深化了主题意境。

层峦耸翠

树种： 真柏
石种： 砂片石
用盆： 椭圆形大理石盆
规格： 盆长150cm
作者： 湖北荆门 郑绪芒

作品"山为骨，林为衣，水为脉"，山水交融，树石辉映，表现的是江南密茂的山林风光。树因山而设，植于"景盆"中，密中有疏，顾盼有情；山脊在隐约中透出，绵延起伏，与树相依，刚柔相济。

画面中心空白处，作者巧设一亭，别有深意，既强化空间关系，又增添景观趣味。深处林木葱郁，亭下瀑布飞溅，很容易使人产生联想，带入梦境，给人"六月忘暑"之感。

绿荫生出待涌潮

树种： 小叶迎春
石种： 千层石
用盆： 景盆
规格： 盆长120cm
作者： 湖北武汉　唐吉青

　　作品将千层石纵向运用，组石为"盆"，盆内植树造林并造"湖"，景域开阔，画意浓厚。上百块碎石结合一起，体现"远山近石、丘陵坡岸"，各得其所、各自为用，由此可感受到作者很强的画功和组织能力。为烘托主题，作品特别选用扦插培育的小叶迎春（叶片非常细小）组合丛林，更显景的浑阔及山的深远。

山幽图

树种： 博兰
石种： 风化石灰石
用盆： 长方形大理石盆
规格： 盆长130cm
作者： 海南海口　王礼勇

作品采用了水旱盆景溪涧式布局。溪涧的布设立体而有深度，巧妙而富新意，承接左右的"拱桥"山体是作品的出彩之处，藏中有露，深不可及。树木的搭配也独具匠心，作者用数株一本多干的博兰组合成密林景象分植左右，高低错落，远近有序，与山相接，掩映顾盼，自然多趣。

高山流水

树种： 五针松
石种： 石灰石
用盆： 椭圆形大理石盆
规格： 盆长130cm
作者： 安徽黄山　张志刚

　　作品取意于春秋时期俞伯牙"高山流水遇知音"的典故。四棵松树，十块石头，一堆泥土，数丛小草，选材普通但构建的画面却浑厚而又富于情境，令人浮想联翩。

　　松林三聚一散，自然舒展，静中寓动，活泼多姿；地形高低起伏，错落有致，水陆辉映，开阔深远。整个作品动静结合，虚实相生，情景交融，回味绵长。从画面中可使人感受到松之舞动，水之激扬和琴声之悠扬。

春潮澎湃

树种： 对节白蜡、六月雪
石种： 龟纹石
用盆： 椭圆形大理石盆
规格： 盆长120cm
作者： 安徽黄山 张志刚

作品以"风"取势，以动为魂，将林木、海岸、春潮有机地组织起来，给人以丰富的想象空间。

通过虚景实写，塑造了春潮涌动、波澜壮阔的浩瀚场景，表现出了中国改革开放大潮自沿海到内地豪迈气概以及国人搏击风云、勇往直前的英雄豪情。

作品采用水畔式布局，以点带面，景小境大。主体树木虽粗细不一、体量悬殊，由于经营得法，安排有序，画面自然得体，充满深度，富于画意，别有情趣。

参考文献

李树华. 中国盆景文化史[M]. 北京：中国林业出版社，2005.

赵庆泉. 赵庆泉盆景艺术[M]. 合肥：安徽科学技术出版社，2002.

赵庆泉. 水旱盆景的制作与养护[M]. 南京：江苏科学技术出版社，2003.

付珊仪. 中国盆景[M]. 上海：上海科学技术出版社，2002.

贺淦荪. 论树石盆景[J]. 花木盆景，1996：5.

贺淦荪. 景盆法[J]. 花木盆景，1999：7.

贺淦荪. 论丛林盆景[J]. 花木盆景，2000：9

刘传刚，等. 中国动势盆景[M]. 北京：人民美术出版社，2013.

汪彝鼎，邵海忠. 山水与树桩盆景制作技艺[M]. 上海：上海科学技术出版社，1998.

仲济南. 中国山水与水旱盆景艺术[M]. 合肥：安徽科学技术出版社，2005.

林鸿鑫，等. 树石盆景制作与欣赏[M]. 上海：上海科学技术出版社，2004.

黄翔. 图解小型树木盆景制作与养护[M]. 福州：福建科学技术出版社，2002.

武克仁. 评"群峰竞秀"[J]. 花木盆景，1984：3.

黄基棉. 附石盆景浅谈. 亚太区第二届盆景、雅石会议及展览会宣传册. 1993.

伍宜孙盆景集. 文农盆景有限公司印行，2001.